数据科学基础

基于R与Python的实现

吴喜之 张 敏 编著

中国人民大学出版社
·北京·

前 言

数据科学的定位

除了纯粹的数学之外, 任何学科的定位并非都一清二楚. 在科学的各个领域更是如此, 现代科学发展迅速, 各个领域互相渗透、互相影响、互相促进, 没有人能够把任何一个学科划出明确的界限以区别于其他学科. 在计算机时代, 关于作为工具的本来定义得就不那么清楚的统计学、应用数学、数据科学等的定位的争议显得尤其突出. 2020 年图灵奖 (Turing Award) 得主 Jeffrey David Ullman 在其文章[①]中给出了两个图 (见下图), 左图为他对现有数据科学流行观点的批判, 右图为他自己对数据科学的看法.

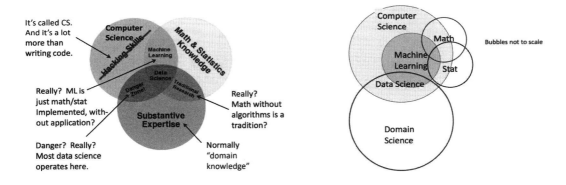

我们没有资格也没有必要对这些定义做更多评论. 但是必须认识到: 在飞速动态发展的世界中, 只有永远保持准备面对挑战和崭新事物的心态, 才能不被时代所淘汰. 这也是本书的宗旨.

数据科学基础教材应该满足实际需要

虽然无法对数据科学做出确切定义, 但我们知道什么是必须掌握的数据科学的基础知识和基本技能, 希望促使读者能够尽快进入到数据科学的理论及实践中, 并且能够奠定进一步发展的良好基础.

教材不应停留在对逝去色彩的留恋, 更应该面向未来世界的需要; 教师不应要求读者背诵前人的教条, 更应该鼓励读者培养批判性思维, 向权威及未知世界挑战. 和知识本身相比, 获取知识的学习过程及动手能力则更为重要, 只有具有自学能力的人才可能在实践中不断学习和创新.

本书尽量用比较直观的方式来介绍各种概念及方法, 尽量避免纠缠于没有普遍意义的细节. 但是对于有广泛应用及发展前景的概念及方法, 则会不惜笔墨地予以详尽的介绍.

[①] http://sites.computer.org/debull/A20june/p8.pdf.

本书内容的选择

第 1 章是关于数据的初等描述. 这是初识真实数据所必需的. 第 2 章介绍了传统统计的基本思维方式, 这部分虽然和后续内容关系不大, 但由于是历史, 不应该回避, 可以仅作为参考或讨论. 第 3 章介绍了有监督学习基础, 包括建模、模型解释、模型预测、基于交叉验证的模型比较等内容, 系统深入地介绍了回归及分类的概念及方法. 对于有监督学习载体的具体模型, 不但介绍了传统统计中最常用的最小二乘线性回归, 还从基本原理到编程全方位地介绍了作为机器学习中最重要的基础学习器之一的决策树, 为后面要引入的更精确的组合算法奠定了基础. 第 4 章介绍了机器学习组合算法及若干重要的组合算法模型, 包括 bagging、随机森林、梯度增强回归和 AdaBoost. 第 5 章详细地介绍了神经网络的基本概念, 神经网络是深度学习的基础, 理解神经网络对今后学习深度学习有很大的益处.

本书是一本基础教材, 因此在机器学习选题上选择决策树、神经网络等既基本又有扩展功能的方法, 而且从理论到编码进行了详尽的描述. 为了使读者在短时间内集中精力牢固掌握最重要的有广泛意义的知识, 本书没有罗列一些常用但扩展性不强的方法, 比如支持向量机、贝叶斯网络等, 感兴趣的读者可以从其他渠道获得这些知识.[①]

本书使用的软件

编程语言是数据科学最重要的工具, 一个数据科学工作者不懂编程语言是不能想象的. 我们主张在学习数据科学各种内容的同时, 通过处理数据来学习编程语言, 而不是在专门的编程课上学习. 学习编程的方式主要是自学. 我们需要的是泛型编程能力, 而不是一两种语言本身. 编程本身不是目的, 编程是为数据科学服务的.

为了给读者提供更多的选择, 本书使用 R 和 Python 两种编程语言, 其中, 关联数据计算的 R 代码穿插于正文之中, 类似或平行的 Python 代码以及说明性的 R 代码附在每章后面. 人们会问: "R 和 Python 应该选择哪一个?" 笔者觉得, 最好两者都会. 实际上, 只要学会一种编程语言, 学习另一种就异乎寻常地容易, 能够在几天内掌握. R 是一款专门做数据分析的软件; 而 Python 则是更加广谱的软件, 数据分析仅仅是其部分功能. 两种编程语言各有特点. 需要注意的是: 任何软件都在不断更新, 原有的代码可能会不能使用, 这时就需要查找原因并修改代码, 这也是学习编程一定会遇到的问题, 解决这些问题对增进编程能力很有帮助..

使用 Python 编程往往需要使用一些常用程序包的函数, 比如, 使用 pandas 包的函数来读取 tips.csv 数据文件, 则需载入该程序包: import pandas as pd, 然后执行读取文件的代码 (利用 pandas 的简写 pd 作为函数的前缀) df = pd.read_csv("tips.csv"), 因此建议每次启动 Python 代码编辑器时, 先执行下面的代码:

```
import pandas as pd
import numpy as np
import seaborn as sns
import matplotlib.pyplot as plt
```

但是, 如果你使用 Jupyter, 那么可以一次性解决这个问题, 只要在联网状态下, 在终端执行下面的代码:

[①] 比如参阅《应用回归及分类——基于 R 与 Python 的实现》(第 2 版) (吴喜之, 张敏. 中国人民大学出版社, 2022).

```
pip install --upgrade pyforest
python -m pyforest install_extensions
```

然后重新启动 Jupyter, 之后就再不用在每次打开 Jupyter 使用 Python 时输入上面列举的一系列 `import` 代码了, 它们已经自动准备好了. 除了上面列举的 4 个程序包之外, 实际上还有许多, 请通过网页 https://pypi.org/project/pyforest/ 查看其不断更新的内容. 本书中的所有 Python 代码都不包括这些可以自动执行的 `import` 代码.

使用盗版国外商业傻瓜软件既违法, 也不利于促进思考. 流水线式点击鼠标操作的傻瓜软件给人以极大的误导, 无法帮助人们理解数据科学的真谛, 更阻碍人们进一步创新. 依赖国外商业软件会产生依赖性, 更有可能危害国家安全.

本书的排版是笔者通过 LaTeX 软件实现的, 完全符合国际国内数学力学类图书的一些通用排版习惯, 格式和笔者以前在中国人民大学出版社出版的十几本自排版书类似, 排好版的唯一目的是让读者容易阅读. 所有错误完全由笔者负责.

吴喜之

目录

第 1 章 体现真实世界的数据
- 1.1 数据: 对真实世界的记录 1
  - 1.1.1 数据和变量 1
  - 1.1.2 变量的类型 2
  - 1.1.3 数据中的信息量 4
  - 1.1.4 总体和样本 4
  - 1.1.5 矩形数据例子 5
- 1.2 变量的逐个描述 7
  - 1.2.1 数量变量的分位数与盒形图 7
  - 1.2.2 连续型变量的直方图 (密度图) .. 9
  - 1.2.3 分类 (离散) 变量的计数及条形图 .. 10
- 1.3 变量关系的描述 11
  - 1.3.1 离散型变量之间关系的描述 11
  - 1.3.2 连续型数量变量和其他变量之间关系的描述 .. 13
  - 1.3.3 成对图 14
- 1.4 数据的简单描述可能很肤浅甚至误导 .. 15
  - 1.4.1 自变量对因变量单独影响的盒形图与密度估计图的对比 .. 16
  - 1.4.2 可能被忽视的组合影响 18
- 1.5 习题 18
- 1.6 附录: 正文中没有的 R 代码 20
- 1.7 附录: 本章的 Python 代码 20
  - 1.7.1 1.2 节的 Python 代码 20
  - 1.7.2 1.3 节的 Python 代码 22
  - 1.7.3 1.4 节的 Python 代码 23

第 2 章 传统统计: 参数推断简介
- 2.1 关于总体均值 μ 的推断 26
  - 2.1.1 经典统计推断必须有的假定 27
  - 2.1.2 经典统计的显著性检验 27
  - 2.1.3 经典统计总体均值 μ 的置信区间 .. 29
  - 2.1.4 贝叶斯统计的一些基本概念 32
  - 2.1.5 贝叶斯统计对例 2.1 的推断 32
- 2.2 关于伯努利试验概率的推断 35
  - 2.2.1 经典统计的显著性检验 35
  - 2.2.2 经典统计关于比例 θ 的置信区间 .. 35
  - 2.2.3 贝叶斯统计对例 2.2 的推断 36
  - 2.2.4 贝叶斯最高密度区域 37
- 2.3 习题 38
- 2.4 附录: 本章的 Python 代码 40
  - 2.4.1 2.1 节的 Python 代码 40
  - 2.4.2 2.2 节的 Python 代码 42

第 3 章 有监督学习基础
- 3.1 引言 45
- 3.2 简单回归模型初识 45
  - 3.2.1 回归数据例 3.1 的初等描述 46
  - 3.2.2 简单回归模型拟合 48
  - 3.2.3 验证和模型比较: 交叉验证 53
- 3.3 最小二乘线性回归模型 54
  - 3.3.1 线性回归模型的数学假定 55
  - 3.3.2 训练模型的标准: 平方损失: 最小二乘法 .. 55
  - 3.3.3 分类自变量在线性回归中的特殊地位 .. 57
  - 3.3.4 连续型变量和分类变量的交互作用 .. 60
  - 3.3.5 对例 3.1 服装业生产率数据做最小二乘线性回归 .. 61
  - 3.3.6 "皇帝的新衣": 线性回归的 "可解释性" 仅仅是个一厢情愿的信仰 .. 62
- 3.4 决策树回归 63
  - 3.4.1 决策树的基本构造 63
  - 3.4.2 竞争拆分变量的度量: 数量变量的不纯度 .. 65
  - 3.4.3 用例 3.1 从数值上解释不纯度和拆分变量选择 .. 65
  - 3.4.4 决策树回归的变量重要性 67
- 3.5 通过例子总结两种回归方法 67
  - 3.5.1 用全部数据训练模型 68
  - 3.5.2 对新数据做预测 69
  - 3.5.3 交叉验证 70
- 3.6 简单分类模型初识 71
  - 3.6.1 分类问题数据例 3.4 泰坦尼克乘客数据的初等描述 .. 72
  - 3.6.2 简单分类模型拟合 72

- 3.6.3 验证和模型比较: 交叉验证 77
- 3.7 Logistic 回归的数学背景 78
  - 3.7.1 线性回归的启示 78
  - 3.7.2 二项分布或伯努利分布情况 78
  - 3.7.3 其他分布的情况: 广义线性模型 79
- 3.8 决策树分类的更多说明 80
  - 3.8.1 纯度的直观感受 80
  - 3.8.2 竞争拆分变量的度量: 分类变量的不纯度 81
  - 3.8.3 用例 3.4 泰坦尼克乘客数据在数值上解释不纯度和拆分变量选择 84
  - 3.8.4 决策树分类的变量重要性 85
- 3.9 通过例子对两种分类方法进行总结 85
  - 3.9.1 用全部数据训练模型 85
  - 3.9.2 对新数据做预测 87
  - 3.9.3 交叉验证 88
- 3.10 多分类问题 89
  - 3.10.1 例子及描述 89
  - 3.10.2 决策树分类 90
  - 3.10.3 决策树分类的变量重要性 91
  - 3.10.4 一些机器学习模型的交叉验证比较 92
- 3.11 习题 94
- 3.12 附录: 正文中没有的 R 代码 96
  - 3.12.1 3.2 节的代码 96
  - 3.12.2 3.3 节的代码 98
  - 3.12.3 3.4 节的代码 98
  - 3.12.4 3.6 节的代码 101
  - 3.12.5 3.8 节的代码 102
  - 3.12.6 3.10 节的代码 106
- 3.13 附录: 本章的 Python 代码 106
  - 3.13.1 3.2 节的 Python 代码 106
  - 3.13.2 3.3 节的 Python 代码 111
  - 3.13.3 3.4 节的 Python 代码 115
  - 3.13.4 3.5 节的 Python 代码 119
  - 3.13.5 3.6 节的 Python 代码 121
  - 3.13.6 3.8 节的 Python 代码 124
  - 3.13.7 3.9 节的 Python 代码 127
  - 3.13.8 3.10 节的 Python 代码 129

第 4 章 机器学习组合算法

- 4.1 什么是组合算法 133
  - 4.1.1 基本概念 133
  - 4.1.2 例子 134
  - 4.1.3 基础学习器变量及数据变化的影响 135
  - 4.1.4 过拟合现象 136
  - 4.1.5 基于决策树没有过拟合现象的组合算法 136
- 4.2 bagging 137
  - 4.2.1 bagging 回归实践 138
  - 4.2.2 bagging 分类实践 139
- 4.3 随机森林 139
  - 4.3.1 随机森林回归 139
  - 4.3.2 例 4.2 Ames 住房数据随机森林回归的变量重要性 140
  - 4.3.3 例 4.2 Ames 住房数据随机森林回归的局部变量重要性 141
  - 4.3.4 例 4.2 Ames 住房数据随机森林回归的局部依赖图 141
  - 4.3.5 亲近度和离群点 142
  - 4.3.6 随机森林分类 143
  - 4.3.7 随机森林分类的变量重要性 143
  - 4.3.8 例 3.6 皮肤病数据随机森林分类的局部变量重要性 144
  - 4.3.9 例 3.6 皮肤病数据随机森林分类的局部依赖性 144
  - 4.3.10 例 3.6 皮肤病数据随机森林分类的离群点图 145
- 4.4 梯度下降法及极端梯度增强回归 145
  - 4.4.1 梯度下降法 145
  - 4.4.2 梯度增强和 XGBoost 算法 146
  - 4.4.3 对例 4.2 Ames 住房数据做 XGBoost 回归 147
  - 4.4.4 对例 3.6 皮肤病数据做 XGBoost 分类 148
- 4.5 AdaBoost 分类 148
  - 4.5.1 例 3.6 皮肤病数据的 AdaBoost 分类 148
  - 4.5.2 基本 AdaBoost 及 SAMME 算法 * 149
- 4.6 组合算法对两个数据的交叉验证 152
  - 4.6.1 三种组合算法及线性回归模型对例 3.1 数据回归的 10 折交叉验证 152
  - 4.6.2 若干组合算法及线性判别分析对例 4.3 数据的交叉验证 153
- 4.7 习题 153
- 4.8 附录: 正文中没有的 R 代码 154
- 4.9 附录: 本章的 Python 代码 156
  - 4.9.1 4.1 节的 Python 代码 156
  - 4.9.2 4.2 节的 Python 代码 159
  - 4.9.3 4.3 节的 Python 代码 159
  - 4.9.4 4.4 节的 Python 代码 161
  - 4.9.5 4.5 节的 Python 代码 163
  - 4.9.6 4.6 节的 Python 代码 165

第 5 章 神经网络

- 5.1 基本概念 168
  - 5.1.1 从一个回归神经网络说起 168
  - 5.1.2 和线性模型的区别 169

  5.1.3 激活函数 · · · · · · · · · · · · · 171
  5.1.4 反向传播: 估计各层权重 · · · · 171
  5.1.5 分类神经网络 · · · · · · · · · · · 172
5.2 通过基础编程了解神经网络的细节 · · · · · · 173

5.3 习 题 · 175
5.4 附录: 本章的 Python 代码 · · · · · · · · · · · 175
  5.4.1 5.1 节的 Python 代码 · · · · · · · · 175
  5.4.2 5.2 节的 Python 代码 · · · · · · · · 176

第 1 章 体现真实世界的数据

1.1 数据: 对真实世界的记录

人们在认识世界的过程中需要对任何关心的现象做出记录. 而这些记录大都以数据的形式出现. 什么是数据呢? 在不同的时代有不同而又不断变化的含义. 在并非遥远的过去, 人们仅仅认为数字是数据. 而在当今的计算机时代, 任何能够以字节形式存入计算机的信息都可以称为数据, 包括文字、图像、声音等大量过去不被认为是数据的内容. 实际上, 在计算机中, 这些本来不是数字的信息还是被转换成数字形式. 因此, 数据科学就是通过分析这些数字化的信息来得到有用结论的科学.

1.1.1 数据和变量

任何从真实世界记录的数据都是有含义的. 比如地球表面的高程 (或海拔高度), 各个国家或地区的人口, 人们的年龄、性别、身高, 不同人喜欢的颜色, 人们的教育程度, 借贷者的信用级别, 等等. 这些具体的对象名称就叫作**变量** (variable)[①], 上面的高程、人口、年龄、性别、身高、颜色、教育程度、信用级别等都是变量.

变量仅仅是数据所说明的对象, 具体的数据是对这些变量所做的观测记录, 也称为这些变量的**观测值** (observation).[②] 为说明一个数据中变量和观测值的关系, 给出下面的例子.

例 1.1 一个关于对某产品颜色评价的简单示例, 如表 1.1.1 所示.

表 1.1.1 评价者信息

姓名	识别号码	性别	年龄	喜爱的颜色
王文举	3405	女	88	蓝
李钰福	2417	男	17	灰
刘品鑫	6877	男	30	红
张帼铭	3002	女	46	白
刘彤彤	3405	女	27	绿
齐云峰	9678	男	56	蓝
赵卿云	3010	男	6	白

在表 1.1.1 中, 变量是: 姓名、识别号码、性别、年龄、喜爱的颜色. 而每个变量下面的具体内容则是相应于该变量关于各个**对象** (这里是 7 个人) 的观测值. 比如, 性别变量的观测值为女、男、男、女、女、男、男, 年龄变量的观测值为 88, 17, 30, 46, 27, 56, 6.

表 1.1.1 展示的数据是比较规范的矩形数据, 其每一列代表一个变量及其观测值, 而每一行代表一个对象相应于各个变量的观测值. 因此该数据有 5 个变量 (表格有 5 列) 及 7 个

[①] 在计算机领域, 变量通常称为**特征** (feature)、**属性** (attribute)、**特性** (characteristic)、**字段** (field), 等等.
[②] 在计算机领域 (有时甚至在统计领域), 观测值也称为**记录** (record)、**对象** (object)、**点** (point)、**向量** (vector)、**模式** (pattern)、**事件** (event)、**例** (case, instance)、**样本** (sample)、**项** (item)、**实体** (entity), 等等.

观测值 (表格有 7 行). 这里所说的每个对象的观测值不是一个数值, 而是相应于该对象各变量的 5 个值.

1.1.2 变量的类型

一、变量的主要类型

表 1.1.1 中的 5 个变量的类型显然不一样, 人们为了各种目的把变量分类, 这些分类不是绝对的, 也不一定是排他的. 在数据分析的实践中, 通常可以分成下面两大类[①]:

1. **数量变量** (numerical variable), 也称**定量变量** (quantitative variable). 表 1.1.1 中的年龄属于数量变量. 数量变量通常就是数学上的数字或计数 (count), 其大小有实际意义, 可以比较和做数学运算. 表 1.1.1 中的识别号码虽然是数字, 但数字本身不可比较大小, 仅仅是在可能会重复的姓名之外增加唯一的号码而已, 属于下面介绍的分类变量. 如果对数量变量继续限制, 还可以定义离散型变量和连续型变量 (还有所谓的定比变量等其他类型).

   (1) **离散型变量** (discrete variable) 的值域中所有数可以和自然数一一对应, 换句话说, 在特定实值区间内, 离散型变量是指对于该变量允许取的范围内的任何值, 与最近的其他允许值之间的最小距离为正. 最熟知的离散型变量的例子为整数. 其值域或者是有限个值, 或者是可数无穷[②]个值.

   (2) **连续型变量** (continuous variable), 也称**区间型变量** (interval variable) 或**实数型变量** (real variable), 连续型变量的值域是不可数无穷的. 最熟知的例子是区间中的实数, 两个值之间可能有无穷多个值, 最接近的值之间距离可为零. 需要注意的是, 连续型变量的存在只是理论上的, 人们获取的真实观测值都是离散化的.

2. **分类变量** (categorical variable), 也称**定性变量** (qualitative variable) 或**名义变量** (nominal variable). 在表 1.1.1 中, 除了年龄之外的变量均可以归为分类变量. 非数量变量都可看作分类变量.

二、变量类型的相对性和约束作用

变量实际上是一种度量, 对一个变量定义类型是对其意义的限制. 比如, 用数量来表示年龄, 年龄越大说明出生越久, 比如表 1.1.1 中 88 岁和 6 岁差距最大. 但是, 如果使用 "老" "中" "青" "幼" 这样的分类来表示年龄, 表 1.1.1 中年龄的数字可能用 "老" "青" "中" "中" "青" "老" "幼" 来表示[③], 年龄就成为分类变量, 这时, 如果从体能来说, 很可能 88 岁的 "老" 和 6 岁的 "幼" 更接近. 再考虑用分类变量表示的颜色, 人们挑选物品时, 不同的人对颜色的偏好或搭配有很大区别, 但如果用光谱的波长来表示颜色, 颜色就成为数量变量, 有完全确定的物理意义, 满足各种相应的物理公式, 但却失去了一般人对颜色判断的意义. 即使是波长这种物理上的颜色定义, 波长长和波长短也不是两个完全不同的极端, 对于人眼来说, 波长太长或太短都同样是不可见的.

[①]很多人, 特别是非数学出身的人喜欢把数据分成很细的类, 给出很多可供背诵的定义, 这些类基本上是以数量变量中的连续 (区间) 变量为一个极端, 以纯粹分类变量为另一个极端的中间类. 其中, 常见的有**定序变量** (ordinal variable), 它介于这两大类之间, 它如数量变量一样可比较大小, 但没有距离, 也无法进行数学运算.

[②]在数学中, **可数集合**或**可列集合** (countable set) 是具有与自然数集合的某些子集相同的**基数** (cardinality, 元素数) 的集合. 可数集合是有限集合或可数无限集合. 无论是有限的还是无限的, 可数集合的元素总是可以逐个去数, 尽管这种计数可能永远无法完成, 但是集合中的每个元素都可以与唯一的自然数相关联或一一对应. 可数无穷集合的基数记为 $\aleph_0$, 而实数区间元素的基数记为 c, 且有 $c = 2^{\aleph_0}$. 根据选择公理, 无穷集合的基数记为 $\aleph_0 < \aleph_1 < \aleph_2 < \cdots$, 其中 $\aleph_{\alpha+1}$ 是大于 $\aleph_\alpha$ 的最小基数目. 虽然 $c > \aleph_0$, 但 $c = \aleph_1$ 仅是没有证明的假说 (连续统假设 (continuum hypothesis)).

[③]年龄段分类的规定很多, 这里不深究.

例 1.2 变量类型的约束例子 在计算机不发达的情况下, 对变量类型的约束方便了某些类型的推理, 但也对另外一些情况的推理产生妨碍. 以年龄来说, 可以有下面几种类型的定义:

(1) 把年龄当作纯粹的分类变量: 这时"老""中""青""幼"不能比较大小, 也没有距离的概念, 可以自由地分组和分析. 比如分析"老"和"幼"之间在体力和智力上的相似性在这种定义下就没有任何障碍.
(2) 把年龄当作定序变量 (数量变量和分类变量中间的一类), 也就是有大小顺序关系 (但不能进行数学运算): "老" $\geqslant$ "中" $\geqslant$ "青" $\geqslant$ "幼", 这种情况和实际数字年龄接近了一步, 易于得到"老"距离出生比"幼"更远, "老"的机体退化而"幼"在进化等结论. 但对于上一款所做的"老"和"幼"之间的相似度则不易得到.
(3) 使用整数年龄, 如表 1.1.1 所示, 这是所谓的离散型变量, 这比定序变量多了一层假定, 也就是可以做加、减、乘、除等数学运算. 但年龄还不是真正的离散型变量, 因为可以用 15.75 岁等实数来代表年龄, 整数年龄仅仅是四舍五入的结果. 实际上, 诸如家中有几个兄弟姐妹等计数才是真正的离散型数量变量, 这些计数不可能有小数点.
(4) 如果不取年龄的整数, 而是从出生开始的实数年龄 (可以以年、月、日、时、分、秒等为单位), 这就是连续型变量了. 实际上, 由于人们的所有记录都仅仅包含有限的有效数字, 因此, 所有记录实际上都是离散的.

> 例 1.2 所说的对表 1.1.1 中年龄变量类型按照增加约束的方向排列:
>
> 分类变量 → 定序变量 → 离散型数量变量 → 连续型变量
>
> 增加了对变量的约束, 好处是方便了前计算机时代基于数学假定的传统统计的数学计算, 但却减少了变量本身的信息量. 比如作为分类变量的年龄, 可以获得任何与年龄次序有关或无关的结论, 但如果变成有序变量或者数量变量, 则只能得到与年龄次序或年龄大小相吻合的结论.

例 1.3 自变量作为数量变量及分类变量的简单一元回归误差比较 如果假定读者对回归完全不懂, 这个例子的内容可能有些超前, 但相信读者运用中学的回归知识及常识判断可以理解. 这里涉及的回归及决策树方法可参见第 3 章. 但这里仅考虑 (交叉验证的) 预测精度 (参见 3.2.3 节), 我们的做法是 (代码见 1.6 节):

1. 随机生成变量 x 的 100 个值及变量 y 的 100 个值.
2. 然后做下面的回归 (显然该回归没有实际意义, 但有关于变量约束的启示):
    (1) 把 y 作为因变量, x 作为自变量, 用决策树做回归, 得到第 1 个标准化均方误差 (参见 3.2.2 节的正式定义)(记为 NMSE1);
    (2) 把 y 作为因变量, x 作为自变量, 看作分类变量 (即每个数为一类), 用决策树做回归, 得到第 2 个标准化均方误差 (记为 NMSE2);
3. 重复上面两步 1000 次 (每次改变随机种子), 得到 1000 对 NMSE1 和 NMSE2.

我们发现: 把自变量转换成分类变量所得到的 NMSE2 有将近 70% (68.6%) 小于用原来数量自变量得到的 NMSE1. 图 1.1.1 (上) 的条形图 (参见 1.2.3 节) 显示了这一点, 而图 1.1.1 (下) 为两种回归的相对 NMSE 差[①] 的直方图 (参见 1.2.2 节). 这个例子使用的是 R 中决策树程序

[①] 所谓相对 NMSE 差为 (NMSE1 − NMSE2)/NMSE2.

包 rpart[①] 的同名函数的默认值.

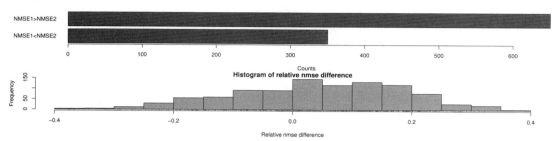

图 1.1.1　用数量自变量和分类自变量做回归的精度比较图

1.1.3 数据中的信息量

对于一个如同表 1.1.1 的矩形数据, 其信息量体现在两方面. 一是观测值的数量, 也就是数据矩阵的行数, 统计上称为**样本量** (sample size). 显然, 样本量越大, 信息量越大. 二是和问题相关的变量的个数, 即数据矩阵的列数. 但是传统统计往往有意忽略这一点, 原因是列数 (相应于行数) 太多会使得某些传统统计模型出现计算困难, 这也是一些人专注于 "降维" (减少变量数量) 的原因, 但这种困难对于基于算法的模型根本不存在. 在计算机时代, **数据矩阵的行或列的增加都意味着信息量的增加, 有助于得到可靠的结论.**

举例来说, 假设我们想了解某一社区的人群, 如果能够得到他们的年龄, 那么显然是得到越多人的年龄越能对整个社区的年龄分布有更多的了解, 这是观测值对信息量的贡献. 如果不仅知道年龄, 还知道他们的教育程度、收入、就业状况、健康状况、居住状况等其他变量的信息, 则可以对该社区得到更完整的印象.

这里所说的信息都和我们所关心的问题有关. 如果我们想要了解是否需要在一个社区附近设立幼儿园, 就要了解社区适龄儿童的人数和附近幼儿园的师生比例, 与此关系不大的诸如人均停车位、居住楼层、水电花费等信息就不是所需的.

对于一个变量来说, 观测值的多少和信息量有关, 而数据的纯度 (或同质性、齐次性) 也和信息量有关. 我们举例说明.

1. 以年龄变量为例, 如果所有观测值都等于 12 岁, 则年龄变量的数据是非常纯的, 没有多少信息, 但如果年龄变量的观测值包括所有年龄段, 则其信息量会大得多. 这种数量变量的信息量可以用后面介绍的方差来度量.
2. 以性别变量为例, 如果所有观测值都是男性, 则性别变量的数据也是非常纯的, 不如有男有女的观测值的信息量大. 这种涉及分类变量的信息量可以用后面介绍的熵或 Gini 指数来度量.

1.1.4 总体和样本

假设我们只关心一个 2 万人社区每个成年人的收入, 如果 2 万人的收入信息都收集到了, 数据的信息就是百分之百的了, 这 2 万个收入就是**总体** (population). 而如果我们仅仅收集了 100 个人的收入, 这就称为总体的一个**样本** (sample), 样本量等于 100.

[①]Therneau, T. and Atkinson, B. (2019). rpart: Recursive Partitioning and Regression trees. R package version 4.1-15. 网址为 https://CRAN.R-project.org/package=rpart.

当然, 并不是所有的总体都是有穷的, 比如某地各个时间的温度、湿度、气压等, 在短时间内可以取到大量的观测值 (理论上是无穷多个), 但实际上不可能也没有必要都收集到, 只需得到有限观测值的样本. 有些总体即使是有穷的, 但因为总体太大, 或者因为在不断变化, 也只能得到有限的样本.

问题与思考

从总体中抽取样本并不容易, 下面列举一些困难.

1. **不易得到合适的总体**. 例如在人群中抽样, 如果在街头采访路人, 很快就可以得到某些变量的值, 但绝对不知道这些人的背景, 即如果想要知道符合下面条件的人群对某事物的观点, 则不那么容易: (1) 某年龄段; (2) 某类职业; (3) 某种收入范围; (4) 有成年子女. 很有可能被采访的很多人中只有几个人符合上述条件.
2. **样本量无法确定**. 在许多情况下, 很难确定要抽取多少观测值. 比如要知道生产线上的废品率, 如果废品率少于百万分之一, 抽取大量样本可能一个都遇不到, 这就需要发明其他方法来获得废品信息. 另外, 如上面所说, 抽取大量样本之后, 若目标人群不够多或者合格的答卷不多, 就有增加样本量的问题.
3. **可行性和信息质量**. 目前很多教材都展示了很完美的抽样方案, 但不一定符合实际. 就以问卷调查为例, 最终入户调查的实施是一大难题, 特别在现代的城镇, 有时能够敲开门就不错了, 很难获取所需的总体的信息. 此外, 为了避免多次访问, 产生了一些包含大量问题的巨型问卷, 结果信息质量很差, 调查结果成为典型的垃圾.
4. **问卷调查中人的因素**. 如果被调查者不回答, 或者不愿意说实话, 或者因为某种原因 (如没有耐心或不理解问题) 而胡乱回答, 则他们的观点永远不可能反映在结论中.
5. **巨型问卷例子导致的思考**. 有一个关于农村生活水平和社会救助的只有几千个样本的问卷, 包括了密密麻麻的 2400 多个问题, 有 1000 多个数字需要回答, 例如家中有多少首饰、钟表、液化气灶具、缝纫机、自行车、电动自行车、摩托车、汽车、电风扇、空调、洗衣机、电脑、电冰箱、冰柜、照相机、收音机、录音机、收录机、组合音响、黑白电视机、彩色电视机, 分别用了多少年、用什么方式得到的、花了多少钱、现在要卖值多少钱, 等等. 还有一页问题中要求回答卫生纸、护肤化妆品、理发、美容、衣服鞋帽 (分男女和儿童)、布料、家用工具 (锤子、钳子、剪刀)、床上用品 (被面、棉胎、毛毯、床垫、枕头、凉席、蚊帐) 等物品过去一年的花费. 人们不禁思考:
    (1) 能够确切知道所有问题答案的人是否存在?
    (2) 多少人有耐心认真回答每个问题?
    (3) 编写这个问卷的人是否在农村工作过?
    (4) 问卷设计者是否试着回答过问卷中的所有问题?
    (5) 问卷设计者本人是否动手把数据录入计算机并实施计算?
    (6) 问卷设计者相信调查结果吗?
6. **没有分母数量的比例毫无意义**. 有一个著名的调查报告给出了 6000 多个比例, 但是没有给出这些比例的分子或分母, 也没有给出传统统计的置信区间及置信度等信息. 这个调查报告的价值等于零. 对 10000 个人调查是否同意某观点得到 60%的比例与对 10 个人调查得到 60%的比例有无区别? 至少客观上, 此调查报告的作者认为这两个 60%的含义或信息是相同的.

1.1.5 矩形数据例子

例 1.4 小费数据 (tips.csv) 这是一个关于给服务员小费的数据[①], 数据中包含 244 个观测值

[①]Bryant, P. G. and Smith, M. A. (1995). *Practical Data Analysis: Case Studies in Business Statistics*. Homewood, IL: Richard D. Irwin Publishing.

(244 行) 及 7 个变量 (7 列). 变量名称分别为 total_bill (账单总数, 单位: 美元)、tip (小费数额, 单位: 美元)、sex (付款者性别, 取值: Female, Male)、smoker (同桌中是否有人吸烟, 取值: No, Yes)、day (星期几, 取值: Fri, Sat, Sun, Thur)、time (用餐时间, 取值: Dinner, Lunch), size (同桌人数, 取值: 1~6 的整数).

例 1.4 小费数据中有 3 个数量变量: total_bill, tip, size. 其他变量都是用字符串表示的分类变量. 这些变量在 R 和 Python 中都可以用如下简单代码得到 (左边是 R, 右边是 Python).

```
library(reshape2)
data(tips)
head(tips,4)
```

```
import seaborn as sns
tips = sns.load_dataset("tips")
tips.head(4)
```

而且输出几乎同样的头 4 行 (不同的是, 对于行号, R 从 1 开始, 而 Python 从 0 开始).

```
  total_bill  tip    sex smoker day   time size
1      16.99 1.01 Female     No Sun Dinner    2
2      10.34 1.66   Male     No Sun Dinner    3
3      21.01 3.50   Male     No Sun Dinner    3
4      23.68 3.31   Male     No Sun Dinner    2
```

```
  total_bill  tip    sex smoker day   time size
0      16.99 1.01 Female     No Sun Dinner    2
1      10.34 1.66   Male     No Sun Dinner    3
2      21.01 3.50   Male     No Sun Dinner    3
3      23.68 3.31   Male     No Sun Dinner    2
```

如果把上述两种代码中的 `head` 改成 `tail`, 就可以打印最后 4 行 (当然显示多少行可以任意设定, 不限于 4 行).

上面我们仅仅观察了几行数据, 如果要关注整个数据的大概情况该怎么做呢? 最没有效率的办法就是打开并查看原始数据文件 (有些数据文件还无法打开), 这在数据行列海量时是非常令人头疼和事倍功半的过程.[①] 笔者建议, 分析数据时, 尽量使用诸如 R 或 Python 这样的开源编程语言, 并且在认识数据时, 尽量保持在软件工作界面上操作, 避免直接打开数据文件来查看数据值.

下面要介绍的数据描述是直观认识数据的第一步. 当然, 描述应该结合分析数据的初衷来进行. 收集数据都有一定的目的. 可以想象一下收集例 1.4 小费数据的目的. 由于这里的数据是关于餐馆服务员小费的, 人们很可能想了解小费的支出如何依赖其他诸如付款者性别、同桌人数、用餐时间、账单总数等变量. 当然, 通过该数据也可能得到某个变量本身的信息, 比如账单总数大约在什么水平, 如何分布; 或者可以得到其他变量之间的关系, 尽管这些可能并不是数据收集者的初衷.

无论自主收集数据, 还是使用他人收集的数据, 首先必须大致了解该数据中各个变量之间的关系, 确保自己的目标确实有意义 (或在测试方法上, 或在应用目的上), 考虑是否有充分的信息来实现既定的目标.

有了目标, 就可以使用软件工具对变量之间的关系做初等描述, 这些描述可能是用数值表示的, 但尽可能用图形来直观表述.

在后面的叙述中, 我们将仅展示一些和内容紧密相关的基本 R 代码及结果, 而相应的 Python 代码和一些稍微复杂的 R 代码放在每章的最后集中展示.

[①] 遗憾的是, 许多习惯于使用美国付费商业软件 Office 中 Excel 的人都有这种习惯.

1.2 变量的逐个描述

数据描述中最简单的是对数据中每一个变量做孤立的描述. 这种描述最简单, 但由于只涉及一个变量, 因此也是很不充分的. 在描述单独变量时, 人们自然会做如下考虑: 用何种小量度量来描述某变量的大量观测值? 这些度量有什么意义? 它们解释了数据的哪些方面?

1.2.1 数量变量的分位数与盒形图

对数据中 (无论数量变量还是分类变量) 单独变量描述的最简单的操作是使用 R 代码 summary(tips) 来生成对数据各个变量的初等描述.

```
  data(tips,package = "reshape2")
> summary(tips)
   total_bill         tip            sex       smoker      day         time        size
 Min.   : 3.07   Min.   : 1.000   Female: 87   No :151   Fri :19   Dinner:176   Min.   :1.00
 1st Qu.:13.35   1st Qu.: 2.000   Male  :157   Yes: 93   Sat :87   Lunch : 68   1st Qu.:2.00
 Median :17.80   Median : 2.900                          Sun :76                Median :2.00
 Mean   :19.79   Mean   : 2.998                          Thur:62                Mean   :2.57
 3rd Qu.:24.13   3rd Qu.: 3.562                                                 3rd Qu.:3.00
 Max.   :50.81   Max.   :10.000                                                 Max.   :6.00
```

上面输出显示了对数量变量和分类变量的不同数字描述. 其中, 对 3 个数量变量 (total_bill, tip, size) 的每一个给出了 6 个汇总数目, 而对其余的分类变量 (sex, smoker, day, time) 的每一类给出了频数或计数. 注意, 分类变量的每一类或范畴在统计术语中称为一个**水平** (level), 比如, 例 1.4 小费数据中的性别 (sex) 变量有 2 个水平: Female 和 Male.

虽然变量 size 也是数量变量, 但却是离散型整数变量. summary(tips) 的输出中也给出了变量 size 的四分位数, 但实际上并不合适. 这种整数变量如同分类变量以计数方式进行描述可能更妥当. 对于用诸如整数这样的哑元 (比如用 0 和 1 代表性别) 表示的分类变量, 计算机会误识别为数量变量, 因此必须在程序中标明.

一、数量变量的分位数描述

上面输出给出了 3 个数量变量的 6 个汇总数目, 包括每个变量观测值的最大值 (Max.)、最小值 (Min.)、均值 (算术平均值) (Mean)、中位数 (Median)、第一四分位数 (1st Qu.)、第三四分位数 (3rd Qu.). 其中, 最大值、最小值和算术平均值大家都很熟悉; **第一四分位数** (first quantile) 表示有大约 1/4 的观测值小于或等于它而另外 3/4 的观测值大于或等于它; **第三四分位数** (third quantile) 表示有大约 3/4 的观测值小于或等于它而另外 1/4 的观测值大于或等于它. **中位数** (median) 也称为**第二四分位数**, 表示大约有一半的观测值小于或等于它而另一半的观测值大于或等于它. 因此, 这 3 个四分位数把数据按照大小分成数目大体相当的四等份.

当然, 一般来说, 对于 $p \in [0,1]$, 用 $q(p)$ 表示 p **分位数** (p-th quantile), 这意味着小于或等于和大于或等于 $q(p)$ 的数字比例大约为 $p : 1-p$. 这时, 第一四分位数为 $q(0.25)$, 第三四分位数为 $q(0.75)$, 中位数为 $q(0.5)$. 当然, 也可以用百分比来代替 p, 如果记 $\alpha = p \times 100$, 则 α **百分位点** (αth percentile) $P_\alpha = q(\alpha/100)$. 这样, 第一四分位数 $q(0.25) = P_{25}$, 第三四分位数 $q(0.75) = P_{75}$, 中位数 $q(0.5) = P_{50}$.

注意, 读者肯定注意到我们用了 "大约" 来表示各种分位数的定义, 这是因为原始的理论分位数来自对实数随机变量分布的分位数的定义. 如果用 X 表示一个**连续型随机变量**, 那么作为理论上的**总体分位数**, 可以如下定义: **总体 p 分位数** q_p 满足下面的条件:

$$P(X \leqslant q_p) = p;\ P(X \geqslant q_p) = 1 - p.$$

由于连续型随机变量等于任何一个值的概率为零, 因此上面定义中的等号有无皆可. 但是, 对于并非真正连续的做了四舍五入的连续型变量的记录 (实际上是离散型的) 数据, 上面的定义就会出现歧义或矛盾. 于是人们费尽心思来考虑如何计算观测值的分位数才合理, 观测值的分位数也称为**样本分位数** (sample quantile). 于是产生了大量不同的样本分位数计算方法. 比如, 使用 R 中的函数就可以产生 9 种不同类型定义的样本分位数, 下面是例 1.4 小费数据中变量 tip 的 $0\%, 25\%, 50\%, 75\%, 100\%$ 分位数的 9 种计算方式的 R 代码和结果. 输出表明, 75% 分位数有 6 种不同结果.

```
> tips=read.csv('tips.csv',stringsAsFactors = TRUE)
> Q=NULL
> for(i in 1:9)
+   Q=rbind(Q,quantile(tips$tip,c(0,0.25,.5,.75,1),type=i))
> Q=data.frame(Q)
> names(Q)=paste(c(0,25,50,75,100),'%')
> Q$type=1:9
> print(Q)
  0 % 25 % 50 %    75 % 100 % type
1   1    2 2.88 3.550000    10    1
2   1    2 2.90 3.575000    10    2
3   1    2 2.88 3.550000    10    3
4   1    2 2.88 3.550000    10    4
5   1    2 2.90 3.575000    10    5
6   1    2 2.90 3.587500    10    6
7   1    2 2.90 3.562500    10    7
8   1    2 2.90 3.579167    10    8
9   1    2 2.90 3.578125    10    9
```

显然, 样本分位数的各种定义对于实际数据的描述差别不大, 这种描述只是一种概括, 没有必要太较真.

很多人喜欢用样本均值而不用样本中位数 (或其他分位数), 一个原因是在前计算机时代, 样本均值好算, 而样本中位数不好算; 另一个原因是在数学推导上, 均值比中位数方便得多, 结果也 "漂亮". 但是, 中位数更接近大多数数据, 而且不易被一些极端值影响, 比如, 在一串收入数据中, 最大值从 100 万改成 1000 亿, 均值会大大增加, 而中位数不会改变, 这种不受干扰的性质称为**稳健性** (robustness).

二、四分位数的直观体现: 盒形图

使用 R 代码 `boxplot(tips[,1:2],horizontal=TRUE,col=4)` 可在一张图中生成例 1.4 小费数据中头两个变量 (`tips[,1:2]`) total_bill(账单总数) 及 tip (小费数额) 的**盒形图** (boxplot) (见图 1.2.1).

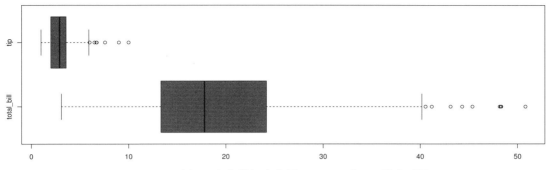

图 1.2.1　例 1.4 小费数据中变量 total_bill 和 tip 的盒形图

盒形图 (参见图 1.2.1) 色调覆盖的盒子中, 两端分别是第一四分位数 $q(0.25)$ 和第三四分位数 $q(0.75)$, 中间那条线是中位数 $q(0.5)$. 因此盒子长度包括了中间一半的观测值, 盒子长度称为**四分位距** (interquartile range, IQR), 即 $\mathrm{IQR}=q(0.75)-q(0.25)$. 而盒形图 (参见图 1.2.1) 中以短线段为两端点的位于盒子两边的须线 (whisker) 的长短则有大量不同的定义, 比如, 每一边的须线最长为盒子长度的 1.5 倍 (1.5 IQR), 如果极大值点或极小值点在这范围之中, 则以极大值点或极小值点作为须线的端点, 否则另外标出包括极大值和极小值在内的超出须线范围的诸点 (图中是一些小圆点). 由于盒形图实际上是盒子加上须线, 因此也称为**箱线图** (box-and-whisker plot).

图 1.2.1 的盒形图把例 1.4 小费数据中的变量 total_bill 和 tip 放在一起, 虽然单位都是美元, 但数量差别较大, 结果导致两个盒形图的尺寸差别较大. 盒形图描述连续型变量较为合适. 变量 size 也是数量变量, 但却是离散型整数变量, 只有少数有限的值, 用盒形图描述不合适. 这种整数变量以如同分类变量计数的方式来描述可能更妥当.

1.2.2 连续型变量的直方图 (密度图)

盒形图对于连续型变量的描述还是太简单了, 因为在盒形图中仅用少数几个点来概括如此多的数目. **直方图** (histogram) 就部分弥补了这个缺陷. 直方图把变量的取值范围分成许多小区间, 然后根据在每个区间中有多少观测值 (或者比率) 来生成一个高度和观测值数目成比例的矩形, 有多少区间就生成多少个矩形, 以显示数据的分布. 图 1.2.2 是用下面的 R 代码生成的例 1.4 小费数据中变量 total_bill 的直方图.

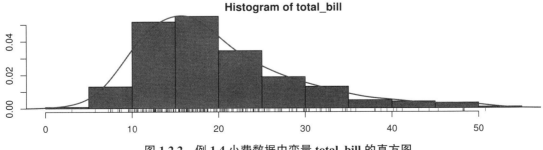

图 1.2.2　例 1.4 小费数据中变量 total_bill 的直方图

```
hist(tips[,1],15,main="Histogram of total_bill",probability=T,col=4)
lines(density(tips[,1]),lwd=2,col=2)
rug(tips[,1])
```

由于直方图只包含有限数量的矩形条, 为显示各个观测值的具体大小, 图 1.2.2 添加了描述变量 total_bill 每个观测值大小的"地毯"(rug)(通过 R 代码 `rug(tips[,1])`), 在图的下面标出了每个观测值的位置, 观测值越多的区间, 矩形条也越高. 这个直方图显示的是每个区间观测值数目的比率, 当观测值足够多而区间足够小时, 直方图就趋于一条光滑的曲线. 我们的观测值不够多, 只能用某种近似方法画出一条曲线 (程序第 2 行), 该曲线是用某种方法估计的**密度曲线** (density curve), 关于密度的概念在后面将会介绍.

1.2.3 分类 (离散) 变量的计数及条形图

前面 `summary(tips)` 的输出中给出了分类变量的计数 (又称频数). 可以连同变量 size 一同生成计数的**条形图** (barplot) (见图 1.2.3). 条形图中每个条的长短代表了相应水平的计数 (频数).①

```
layout(matrix(c(1,1,2,2,3,3,4,4,4,5,5,5),nrow=2,by=T))
for (i in c(3,4,6,5,7)) {
  barplot(table(tips[,i]),horiz = TRUE,col=4,main=names(tips)[i])
}
```

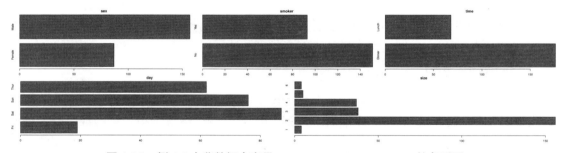

图 1.2.3 例 1.4 小费数据中变量 sex, smoker, time, day, size 的条形图

从图 1.2.3 中可以看出, 该条形图比前面由 R 代码 `summary(tips)` 生成的数字更直观. 比如, 男性付账的较多 (图 1.2.3 上左图), 不吸烟的较多 (图 1.2.3 上中图), 吃晚饭的较多 (图 1.2.3 上右图), 按照周六、周日、周四、周五的顺序就餐桌数下降 (图 1.2.3 下左图). 图 1.2.3 下右图代表变量 size 计数的条形图 (因为其用数字表示, 在初等描述中被看成是数量变量, 但实际上可以看成分类变量), 相应的计数可由 R 代码 `table(tips$size)` 生成, 得到每桌不同同桌人数 (1~6 人) 的计数.

```
  1   2   3   4   5   6
  4 156  38  37   5   4
```

---

①R 代码中 `layout()` 用于安排这 5 个图的位置, 可以用该代码中的 `matrix()` 打印出矩阵, 以了解各个图的位置及所占空间的大小. 矩阵中的 1, 2, 3, 4, 5 对应于第 3, 4, 5, 6, 7 列的变量.

这意味着绝大多数情况是 2 人用餐, 其次是 3 人和 4 人, 这在图 1.2.3 下右图中看得很清楚.

1.3 变量关系的描述

所有科学问题都涉及很多变量, 任何变量都不是孤立的, 都有可能与其他变量有关. 在数据科学中, **绝大部分注意力均放在变量之间的关系上, 在大量变量互相影响的现实世界中, 仅仅孤立地研究一个变量的性质是不合理的.** 最重要的数据科学应用是用一部分变量的数据对另一部分变量进行预测. 比如, 金融领域通过客户历史数据对未来客户的信用进行评级, 安全部门通过档案照片对嫌疑人进行识别, 工业领域通过工艺流程的历史数据建立对新生产目标的控制. 这一切都需要建立适用于手中数据的所谓的**模型** (model), 也就是一套方法或决策规则. 模型可能是一些数学公式, 也可能是一组以程序形式描述的算法.

人们希望把一些变量的数据代入这些模型并得出希望知道的预测结果. 由于模型必须基于数据建立, 因此这是一个学习过程, 通常称为**机器学习** (machine learning, ML). 通过已知数据建立这种可以预测的模型的过程称为**有监督学习** (supervised learning).

本节介绍的变量之间关系的描述非常初等且浅显, 而且大多仅涉及两个变量之间的关系, 可以作为初步认识, 但对这些描述做过多的解释和延伸可能会产生误导.

问题与思考

必须在这里做一些说明:

1. **为什么叫作 "机器" 学习?** 之所以称为 "机器" 学习, 是因为真正大规模建立可预测模型的实践是在计算机领域实现的, 人们基于数据, 使用算法训练出模型, 并用交叉验证来判断预测精度. 传统统计界大多把精力集中于数学假定下的显著性问题, 更关心模型的数学结构而不是预测精度. 在机器学习方法被广泛应用后, 统计学领域中的有些人士借用机器学习的术语创造了 "统计学习" 一词, 可能有把机器学习囊括进统计学科的意图, 但该术语的使用远不如 "机器学习" 广泛.
2. **什么是有监督学习?** 有监督学习的任务是试图建立模型, 使得可以用一部分变量 (称为自变量或预测变量) 的数据来预测另外的目标变量 (称为因变量). 但在建立模型时必须有已知的关于自变量和因变量两方面的数据作为依据. 因为有因变量数据作为靶子或基准来 "监督" 建模的过程, 所以这种学习或训练模型的方式称为有监督学习.
3. 在机器学习的发展过程中, **数据驱动** (data-driven) 思维起到了重要作用, 也就是说, 任何模型的优劣必须由数据决定, 从训练模型到检测模型的预测精度都应基于数据. 而传统统计学领域的**模型驱动** (model-driven) 是对数据做出先验的、数学上方便的假定, 并基于这些主观假定建立数学公式描述的模型, 判断模型优劣也基于这些数学假定及所谓的显著性, 而结果必然反映了主观世界和客观世界无法区分的混杂.
4. 按照数据驱动思维, 有监督学习方法优劣的判断应该使用**交叉验证**. 在交叉验证中, 数据分成两部分: 一部分用来训练模型, 称为**训练集** (training set), 而另一部分不参与训练模型, 用来评估模型的预测精度, 称为**测试集** (testing set). **不使用交叉验证是无法客观判断任何模型的优劣的.**

1.3.1 离散型变量之间关系的描述

分类变量 (分类变量总是离散的) 或离散型变量之间的关系可以用**列联表** (contingency table) 描述. 最简单的列联表由两个离散型变量组成, 行和列代表两个变量的各个水平或标签, 表中每个格子的数目为相应行和列变量水平的计数. 比如例 1.4 小费数据中不同天 (周四到周日) 和同桌人数的列联表可用标明相应数据列号的 R 代码 `table(tips[,c(5,7)])` 或标明变量名称的 R 代码 `table(tips$day,tips$size)` 得到, 还能生成马赛克图 (见图 1.3.1) 来显示生成的列联表.

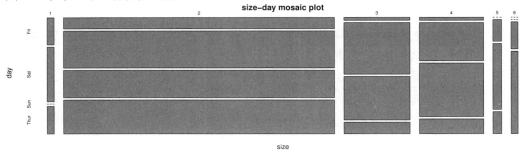

图 1.3.1 例 1.4 小费数据中变量 **day** 和 **size** 的列联表相应的马赛克图

生成的列联表 (与图 1.3.1 对应) 为:

```
     size
day   1  2  3  4  5  6
 Fri  1 16  1  1  0  0
 Sat  2 53 18 13  1  0
 Sun  0 39 15 18  3  1
 Thur 1 48  4  5  1  3
```

生成和上面列联表对应的马赛克图 (见图 1.3.1) 的 R 代码为:

```
mosaicplot(table(tips[,c(7,5)]),color = "skyblue2",main="size-day mosaic plot")
```

当然, 还可以生成多于 2 个变量的列联表, 比如:

```
library(tidyverse)
xtabs(~day+sex+time+smoker,data=tips) %>%
  ftable(row.vars=c("day","smoker"))
```

输出下面表格:

```
           sex   Female         Male
           time  Dinner Lunch  Dinner Lunch
day  smoker
Fri  No            1      1      2     0
     Yes           4      3      5     3
Sat  No           13      0     32     0
     Yes          15      0     27     0
Sun  No           14      0     43     0
     Yes           4      0     15     0
Thur No            1     24      0    20
```

```
            Yes              0    7    0   10
```

也可以绘制出相应的多变量的马赛克图 (见图 1.3.2).

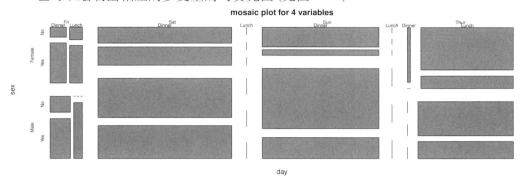

图 1.3.2 例 1.4 小费数据中多变量的马赛克图

生成图 1.3.2 的 R 代码为:

```
xtabs(~day+sex+time+smoker,data=tips) %>%
  mosaicplot(color = "skyblue2",main="mosaic plot for 4 variables")
```

1.3.2 连续型数量变量和其他变量之间关系的描述

图 1.3.3 是例 1.4 小费数据中变量 tip (纵坐标) 对 total_bill (横坐标) 的散点图, 而变量 time 的取值 Dinner 和 Lunch 在图中表示成圆圈和正方形 (通过不同的符号选项来实现: pch=21:22), 变量 size 体现在符号的 6 种大小和颜色上 (通过 R 代码 cex=size 及 col=(1:6)[tips$size]).[①] 图 1.3.3 不仅通过散点图体现了两个连续型变量之间的关系, 同时通过大小及形状体现了一个离散型数值变量及一个分类变量在散点图中的分布.

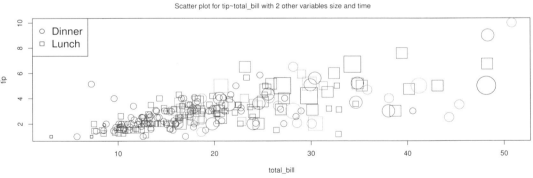

图 1.3.3 例 1.4 小费数据中变量 **tip** 对 **total_bill** 的散点图, 符号形状和大小分别反映了变量 **time** 和 **size**

```
plot(tip~total_bill, cex=size, data=tips, pch=c(21,22),
     col=(1:6)[tips$size])
legend('topleft', pch=21:22, levels(tips$time), cex=1.5, col=1)
```

[①]因单色印刷, 颜色在书上只能显示深浅.

```
tt="Scatter plot for tip~total_bill with 2 other variables size and time"
mtext(tt, side = 3, line = -1, outer = TRUE)
```

前面的盒形图 (见图 1.2.1) 实际上就是离散型变量和连续型数量变量之间关系的描述, 分类变量和有穷值域的离散型变量在图形上没有太多区别 (除了离散型数值变量有大小顺序之外). 图 1.3.4 为根据例 1.4 小费数据中分类变量 sex 的两个值 (Male, Female) 分别对连续型变量 total_bill 的 (叠加) 直方图 (左图) 和密度估计图 (右图).

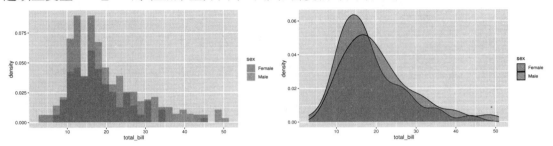

图 1.3.4 例 1.4 小费数据中分类变量 sex 对连续型变量 total_bill 的 (叠加) 直方图 (左) 和密度估计图 (右)

生成图 1.3.4 的 R 代码为:

```
library(tidyverse)
p1=tips %>% ggplot(aes(x=total_bill, y=..density..,fill=sex))
t2=p1+ geom_histogram(binwidth=1.8, alpha=.5, position="identity")
t3=p1 + geom_density(alpha=.5)
library(patchwork)
t2+t3
```

在生成图 1.3.4 时, 利用了程序包 ggplot. 打开程序包 tidyverse 时, 就自动打开了包括 ggplot 在内的若干有用的程序包, 因此可以使用诸如管道函数 %>% 等有用的工具. 程序包 ggplot 有很多和 R 基本画图功能不同的地方. 其特点是一层一层为作图做准备, 最终把零件拼凑成图. 在绘制图 1.3.4 时, 把基本元素放入对象 p1 中, 然后在此之上继续作图. 在绘制图 1.3.4 左图两个直方图的代码中, 选项 y=..density.. 使直方图显示的是计数的比例而不是具体计数, 这使得图 1.3.4 左右两图有一定的可比性.

1.3.3 成对图

一个简单而又直截了当地显示数据中所有变量对之间关系的图形是成对图 (见图 1.3.5). 该图是用代码 tips %>% GGally::ggpairs() 生成的. 它对于各种不同类型的变量之间采用了不同的图形模式. 图形是以基本对称矩阵形式排列的. 该图的基本格式为:

1. 在两个数量变量 (第 1, 2 个变量) 之间采用了散点图 (左下矩阵) 及显示相关系数 (右上矩阵) 的形式.
2. 在数量变量 (第 1,2 个变量) 和分类变量 (第 3~6 个变量) 之间:
   (1) 横坐标是连续型数量变量、纵坐标是分类变量时为离散的若干直方图.
   (2) 横坐标是分类变量、纵坐标是连续型数量变量时为离散的若干盒形图.

3. 在离散型数量变量 (第 7 个变量) 和分类变量 (第 3~6 个变量) 之间:
   (1) 横坐标是分类变量、纵坐标是离散型数量变量时为离散的若干盒形图.
   (2) 横坐标是离散型数量变量、纵坐标是分类变量时为离散的若干条线段.
4. 在分类变量 (第 3~6 个变量) 之间显示马赛克图.
5. 在对角线上 (单个变量本身):
   (1) 数量变量显示非参数密度估计.
   (2) 分类变量显示反映计数的条形图.

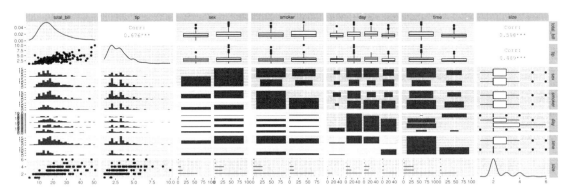

图 1.3.5　例 1.4 小费数据的成对图

问题与思考

用少数数字或者图形对数据做初等描述的目的是对数据有一些了解, 并且初步确定如何利用这个数据达到自己的目标. 人们可能会问:
1. 这些描述到底展示了多少有用的信息?
2. 这些信息对于实现我们的分析目标足够充分吗?
3. 这些初等信息对于根据一些变量预测其他变量有没有帮助?

这些问题在初等描述时可能得不到回答, 但在随后对数据的继续分析中, 可以逐渐关注这些问题可能的答案. 在做任何探索时, 头脑中都应该存有大量疑问.

不带着疑问做课题, 或者被动地被他人的文献牵着鼻子走, 这样不但枯燥无味, 而且很难得到感兴趣的结果.

1.4　数据的简单描述可能很肤浅甚至误导

下面再用一个例子表明数据是复杂的, 一些用简单描述方法得到的表面印象可能和深层次的关系很不相同.

例 1.5　欺诈竞标数据 (Bidding.csv) 这是 eBay 拍卖数据[1][2], 该数据是关于识别**欺诈竞标者**[3] (shill bidder) 的, 一共有 6321 个观测值, 13 个变量. 这 13 个变量为: Record_ID (记录标识), Auction_ID (拍卖标识), Bidder_ID (出价者标识), Bidder_Tendency (竞标者倾向: 如果竞标者

---

[1] Alzahrani, A. and Sadaoui, S. (2018). Scraping and preprocessing commercial auction data for fraud classification. arXiv preprint. 2018 Jun 2.

[2] Alzahrani, A. and Sadaoui, S. (2020). Clustering and labeling auction fraud data. *In Data Management, Analytics and Innovation*, pp. 269-283. Springer, Singapore. https://archive.ics.uci.edu/ml/datasets/Shill+Bidding+Dataset.

[3] 俗称 "托儿" 或 "拍托儿".

有只参加少数卖方竞标的倾向, 则有可能勾结和串通), Bidding_Ratio (提价频率: 欺诈竞标者频繁提价以吸引合法竞标者出更高价), Successive_Outbidding (连续竞标: 欺诈竞标者即使是当前的最高标者, 也连续小幅提高价格竞标自己), Last_Bidding (最终竞标: 欺诈竞标者在拍卖的最后阶段 (超过拍卖持续时间的 90%) 不作为, 以避免赢得拍卖), Auction_Bids (竞标: 欺诈竞标者出标数目往往比平均高得多), Starting_Price_Average (起拍价: 欺诈竞标者通常提供一个小的起拍价以吸引合法竞标者参加拍卖), Early_Bidding (早期竞标: 欺诈竞标者往往会在拍卖会的早期就竞标 (不到拍卖持续时间的 25%), 以引起拍卖用户的注意), Winning_Ratio (获胜率: 欺诈竞标者可能会参加很多拍卖, 但是几乎不想赢得任何拍卖), Auction_Duration (拍卖持续时间), Class (取值哑元 0 和 1, 其中 0 代表正常竞标, 1 代表欺诈竞标).

显然前面 3 个标识变量不应该参与建模, 在后面不会涉及这 3 个变量. 这里关注的问题是如何通过数据建立一个模型来预测变量 Class, 也就是预测某个人是不是 "托儿". 该数据网页对于自变量的度量的确定和标准的描述不那么具体, 但这不妨碍我们的分析. 我们可以通过数据本身来查看各个变量之间的关系.

1.4.1 自变量对因变量单独影响的盒形图与密度估计图的对比

对例 1.5 欺诈竞标数据, 我们可以以初等的直观描述, 由于只有目标变量 (因变量) Class 是分类变量, 而其他 (可作为预测变量的) 所有变量都是数量变量, 因此可以对每个自变量绘制关于因变量两个水平 (0 和 1) 的盒形图 (见图 1.4.1), 并且查看这些自变量的值域范围或模式与因变量的关系.

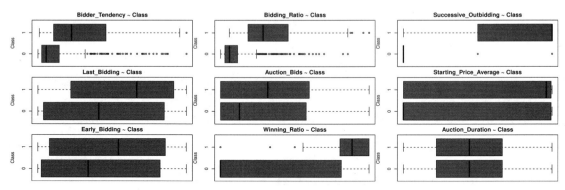

图 1.4.1 例 1.5 欺诈竞标数据的 9 个自变量关于因变量两个水平的盒形图

从图 1.4.1 的 9 个盒形图可以看出每个自变量对因变量的单独影响, 显然, 3 个能够造成 Class 较大差距的变量是 Successive_Outbidding (上右图), Winning_Ratio (下中图) 和 Bidding_Ratio (上中图), 相对于因变量 Class 的两个取值 (0 和 1), 这些连续型自变量的 2 个盒形图的观测值范围很不一样, 大部分都不重合. 图中看上去 "最没有用" 的变量似乎是 Auction_Duration (右下图), 因为它对于 Class 两个水平的盒形图几乎一样 (中位数也相同). 虽然有些图的盒子范围差不多, 但盒子中间的中位数差别较大.

读入数据及生成图 1.4.1 的 R 代码为:

```
w=read.csv("Bidding.csv")[,-(1:3)];w$Class=factor(w$Class)
par(mfrow=c(3,3))
for (i in 1:9) {
  t=paste(names(w)[i],'~',names(w)[10])
  f=formula(t)
  boxplot(f,horizontal = TRUE,w,ylab = "Class", xaxt='n', col=4)
  title(t)
}
```

盒形图的信息量不够, 图 1.4.2 展示了和图 1.4.1 类似排列的 9 个自变量关于因变量两个水平的密度估计图 (Class 等于 0 或 1 时, 相应的密度估计曲线分别用实线或虚线表示). 该图也显示出和图 1.4.1 相似的结果, 即能够造成 Class 较大差距的 3 个变量是 Successive_Outbidding (上右图), Winning_Ratio (下中图) 和 Bidding_Ratio (上中图). 但是图 1.4.2 的下右图显然比图 1.4.1 的下右图含有的信息更多. 生成图 1.4.2 的 R 代码为:

```
par(mfrow=c(3,3))
for (i in 1:9){
  z0=density(w[w[,10]==0,i]); z1=density(w[w[,10]==1,i])
  xlim=range(w[w[,10]==0,i]); ylim=range(c(z0$y,z1$y))
  tt=paste('Density of',names(w)[i],'for',names(w)[10])
  plot(z0,xlim=xlim,ylim=ylim,main=tt)
  lines(z1,lty=2)
  ps=c(rep('top',8),'topright')
  legend(ps[i],lty=1:2,paste('Class =', 0:1))
}
```

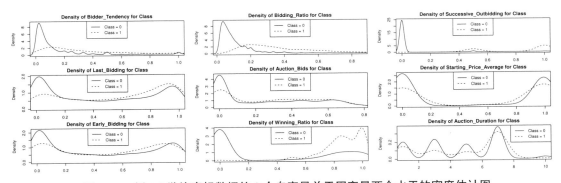

图 1.4.2 例 1.5 欺诈竞标数据的 9 个自变量关于因变量两个水平的密度估计图

密度估计图 (图 1.4.2) 也显示了连续型变量的分布信息, 且比盒形图 (图 1.4.1) 更详细, 其实类似于图 1.3.4 (左图) 的 (叠加) 直方图也可以显示出类似于图 1.4.2 的信息. 无论是密度估计图还是直方图, 都有其弱点, 也就是它们并不唯一, 控制光滑程度选项的不同会导致图形发生变化. 只依赖于几个数值的盒形图是前计算机时代的早期产物, 虽然简单粗糙且信息不足, 但容易理解. 下面说明诸如盒形图这样简单图形的可能误导.

1.4.2 可能被忽视的组合影响

必须注意的是, 这些自变量并不是互相独立的, 一些变量似乎对因变量的单独影响不大, 但在某些情况下变量组合可能会产生不可忽视的影响. 我们现在对图 1.4.1 (右下图) 所显示的 "最没有用" 的变量绘制部分数据 (变量 Successive_Outbidding>0.75 时的部分数据) 的盒形图 (见图 1.4.3 左图). 图 1.4.3 左图表明, 在全部数据中, 对因变量似乎没有单独影响的变量 Auction_Duration 在部分数据中影响非常大. 而图 1.4.3 右图与图 1.4.2 的右下图看上去也很不一样, 相对于 Class 的两个水平, 密度估计曲线有明显的差距.

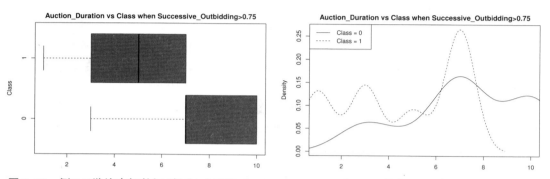

图 1.4.3 例 1.5 欺诈竞标数据 (部分) 中变量 Auction_Duration 对 Class 的盒形图 (左) 及密度估计图 (右)

生成图 1.4.3 的 R 代码为:

```
w75=w[w[,3]>0.75,]
z0=density(w75[w75[,10]==0,9])
z1=density(w75[w75[,10]==1,9])
layout(t(1:2))
t='Auction_Duration vs Class when Successive_Outbidding>0.75'
boxplot(Auction_Duration~Class,w75,
        horizontal = TRUE, col=4,main=t)
plot(z0,xlim=range(w75[,9]),ylim=range(z1$y),main=t)
lines(z1,lty=2)
legend('topleft',lty=1:2,paste('Class =', 0:1))
```

问题与思考

在任何数据分析中, 简单的诸如成对图或者其他形式的 (如这里的多重盒形图) 描述两个变量的图形无法描述更深层次的关系, 往往存在误导. 不幸的是, 人类由于其感官及手段的局限性, 无法实现较高维数的可视化, 因此, 在大部分情况下, 必须使用其他方式来探索数据之间的关系. 在多变量情形下, 自变量总体对于因变量预测的精确度是一个最重要的度量, 这时, 对于单个变量, 最多只可能发现其在集体环境中的作用, 孤立地考虑某个变量对因变量的影响是毫无意义的.

1.5 习 题

1. 使用 R 代码 `data(diamonds,package = 'ggplot2')` 激活 `diamonds` 数据. 利用代码 `diamonds %>% glimpse()` 及 `diamonds %>% summary()` 来得到该数

据的不同汇总输出 (如果软件不能识别有些命令, 使用 `library(tidyverse)` 命令先导入相应软件包). 如果使用 Python, 可以把数据先存成 csv 文件, 再在 Python 界面读取.

   (1) 上面介绍的两种汇总代码所产生的结果的形式不同, 但信息类似, 请评论它们各自的优缺点.
   (2) 该数据有多少个变量? 有多少观测值?
   (3) 该数据中哪些是分类变量? 哪些是数量变量?
   (4) 对各种变量做出各种单独或组合的图形及数字描述. 从这些描述中可以得到什么信息?
   (5) 对于变量 price, 画出不同光滑程度的直方图及密度估计图 (R 的直方图函数 `hist` 中的选项 `breaks` 取不同的数值, 密度函数 `density` 中的选项 `bw` 取不同的数值), 请对得出的不同结果进行讨论. 示例为:

   ```
   layout(t(1:2))
   hist(diamonds$price,breaks=30,probability = T)
   plot(density(diamonds$price,bw=80),lwd=2,type = 'l')
   ```

   如果把直方图和密度估计曲线画在一张图中, 需要调整 `ylim` 的范围, 以显示完整的图形.

   (6) 对变量 price 绘制盒形图并加上 "rug", 讨论盒形图与直方图或密度估计图的区别.
   (7) 你觉得该数据中哪些变量是人们所关注的? 哪些变量可以作为因变量? 哪些可以作为自变量?
   (8) 如果选定了因变量, 从初等描述 (无论是数字或图形) 中, 你得到了哪些关于自变量对因变量影响的印象?

2. 数据 `diamonds` 中的变量 cut, color 与 clarity 是分类变量.
   (1) 哪些 (或者全部) 变量在最初定义时可能是数量变量?
   (2) 这三个变量中哪些可以作为 (并非数量的) 有序变量?

3. 关于作为数量变量的分数 (百分制) 和作为有序变量的分数 (5 级分制).
   (1) 在学习成绩上, 百分制是否真的比诸如 A、B、C、D、F 那样的 5 级分制更精密? 差一两分可能在高考中非常重要, 但差一两分的学生真的差别大吗?
   (2) 是不是以某个固定分数划线就一定合理? (比如, 60 分以下及格、85 分以上优秀, 或 67 分及格、92 分以上优秀.)

4. 如果一个年级有若干男生班及若干女生班, 在该年级的信息表中, 性别变量是有意义的, 但在单独各个班的类似表格中, 性别还有多少意义呢?

5. 举出若干总体和样本的例子.

6. 在调查报告中, 诸如 "90%的受访者都支持小明当选学生会主席" 这一类的结论有没有意义? 为什么? 两个人中的 "50%的人同意" 和 1 万个人中的 "50%的人同意" 有区别吗?

7. 通过网上调查、街头调查、电话采访或入户调查等方式得到的结论应该代表何种人群的观点?

1.6 附录: 正文中没有的 R 代码

生成图 1.1.1 的 R 代码为 (这里用到的函数 CVR 见 3.12.1 节):

```
R=NULL
set.seed(1010)
m=1000;rs=runif(m)
for(i in 1:m){
    set.seed(round(rs[i]*1000))
    x=rnorm(100);y=rnorm(100)
    w1=data.frame(x=x,y=y)
    w2=data.frame(x=factor(x),y=y)
    r1=CVR(w1,D=2,seed=1010 )$nmse
    r2=CVR(w2,D=2,seed=1010 )$nmse
    R=rbind(R,c(r1,r2))
}
RR=table(R[,1]>R[,2])
Rmse=(R[,1]-R[,2])/R[,2]
names(RR)=c("NMSE1<NMSE2","NMSE1>NMSE2")
prop.table(RR)
layout(1:2)
barplot(RR,horiz = T,xlab = 'Counts',las=1,col = 4)
hist(Rmse,20,main = "Histogram of relative nmse difference",
    xlab='Relative nmse difference',col=5)
rug(Rmse,col=4)
```

输出为:

```
NMSE1<NMSE2 NMSE1>NMSE2
0.3136364   0.6863636
```

1.7 附录: 本章的 Python 代码

1.7.1 1.2 节的 Python 代码

生成例 1.4 小费数据中变量 total_bill 和 tip 的盒形图 (见图 1.7.1).

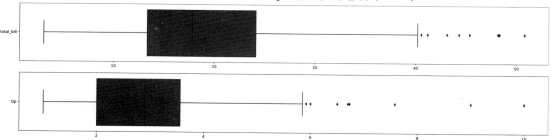

图 1.7.1 例 1.4 小费数据中变量 total_bill 和 tip 的盒形图

生成图 1.7.1 的 Python 代码为:

```
w=pd.read_csv("tips.csv")
plt.figure(figsize=(24,6))
plt.subplot(211)
sns.boxplot(w[["total_bill"]],orient='h')
plt.subplot(212)
sns.boxplot(w[["tip"]],orient='h')
```

生成例 1.4 小费数据中变量 total_bill 的直方图 (见图 1.7.2).

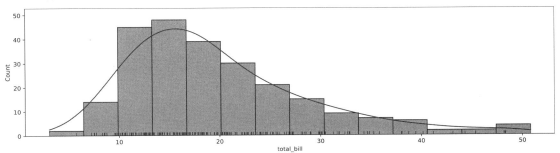

图 1.7.2　例 1.4 小费数据中变量 total_bill 的直方图

```
plt.figure(figsize=(16,4))
sns.histplot(w['total_bill'].dropna(), kde=True)
sns.rugplot(w['total_bill'].dropna())
```

生成例 1.4 小费数据中变量 sex, smoker, time, day, size 的条形图 (见图 1.7.3).

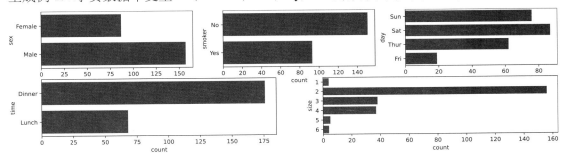

图 1.7.3　例 1.4 小费数据中变量 sex, smoker, time, day, size 的条形图

```
plt.figure(figsize=(15,4))
plt.subplot(2,3,1)
sns.countplot(y="sex", data=w) #如果用x="sex", 则生成竖直的图
plt.subplot(2,3,2)
sns.countplot(y="smoker", data=w)
plt.subplot(2,3,3)
sns.countplot(y="day", data=w)
plt.subplot(2,2,3)
```

```
sns.countplot(y="time", data=w)
plt.subplot(2,2,4)
sns.countplot(y="size", data=w)
```

1.7.2 1.3 节的 Python 代码

生成列联表的 Python 代码为:

```
pd.crosstab([w.sex,w.smoker],w.day,margins = True)
```

```
day            Fri   Sat   Sun   Thur   All
sex    smoker
Female No      2     13    14    25     54
       Yes     7     15    4     7      33
Male   No      2     32    43    20     97
       Yes     8     27    15    10     60
All            19    87    76    62     244
```

生成例 1.4 小费数据中多变量的马赛克图 (见图 1.7.4).

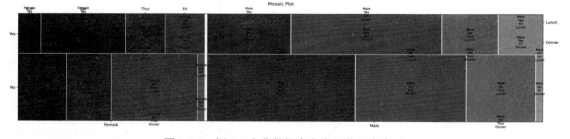

图 1.7.4　例 1.4 小费数据中多变量的马赛克图

```
plt.rcParams["figure.figsize"] = [20.00, 5]
plt.rcParams["figure.autolayout"] = True
from statsmodels.graphics.mosaicplot import mosaic
_=mosaic(w,["sex","smoker","day","time"], title='Mosaic Plot')
```

生成例 1.4 小费数据中变量 tip 对 total_bill 的散点图 (见图 1.7.5).

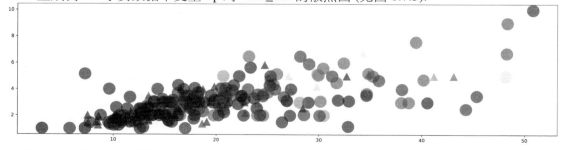

图 1.7.5　例 1.4 小费数据中变量 tip 对 total_bill 的散点图, 符号形状反映 time, 大小和色调反映 size

```
plt.figure(figsize=(20,5))
plt.scatter("total_bill","tip",s=w[w.time=="Dinner"].size*0.5,
    c="size",marker="o",data=w[w.time=="Dinner"],alpha=.5)
plt.scatter("total_bill","tip",s=w[w.time!="Dinner"].size*0.5,
    c="size",marker="^",data=w[w.time!="Dinner"],alpha=.5)
```

生成例 1.4 小费数据中变量 sex 对变量 total_bill 的 (叠加) 直方图和密度估计图 (见图 1.7.6).

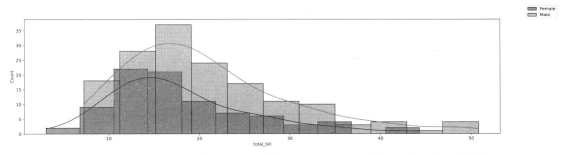

图 1.7.6　例 1.4 小费数据中变量 sex 对变量 total_bill 的 (叠加) 直方图和密度估计图

```
fig = plt.figure(figsize=(20,5))
for a in np.unique(w.sex):
    sns.histplot(w[w.sex==a]['total_bill'].dropna(),kde=True, label=a)
fig.legend(loc='upper right')
```

生成例 1.4 小费数据中数量变量的成对图 (见图 1.7.7).

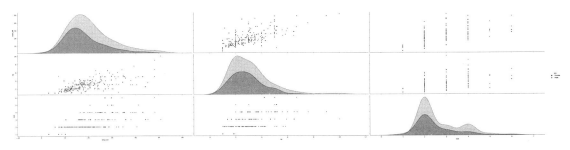

图 1.7.7　例1.4 小费数据的成对图

```
sns.pairplot(w,hue="sex",markers=["s","o"],height=4,aspect=4,
             palette="dark")
```

1.7.3　1.4 节的 Python 代码

生成例 1.5 欺诈竞标数据的 9 个自变量关于因变量两个水平的盒形图 (见图 1.7.8).

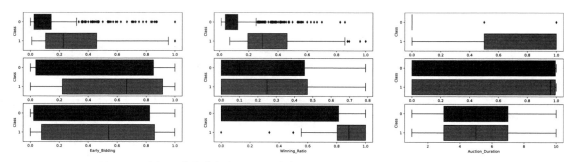

图 1.7.8 例1.5 欺诈竞标数据的 9 个自变量关于因变量两个水平的盒形图

```
u=pd.read_csv("Bidding.csv").iloc[:,3:]
plt.figure(figsize=(26,6.5))
for i in range(9):
    plt.subplot(3,3,i+1)
    sns.boxplot(y="Class",x=u.columns[i],orient="h",data=u)
```

生成例 1.5 欺诈竞标数据的 9 个自变量关于因变量两个水平的密度估计图 (见图 1.7.9).

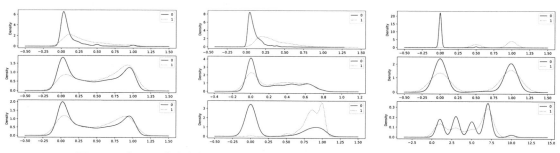

图 1.7.9 例 1.5 欺诈竞标数据的 9 个自变量关于因变量两个水平的密度估计图

```
fig,axes=plt.subplots(nrows=3,ncols=3,figsize=(16,4))
Ls=('-',':')
for i in range(9):
    plt.subplot(3,3,i+1)
    for j in np.unique(u.Class):
        u[u.Class==j][u.columns[i]].plot.kde(label=j,linestyle=Ls[j])
    plt.legend(loc='best')
```

生成例 1.5 欺诈竞标部分数据的变量 Auction_Duration 对 Class 的盒形图及密度估计图 (见图 1.7.10), 代码如下:

```
plt.figure(figsize=(12,3))
plt.subplot(121)
sns.boxplot(y="Class",
            x=u[u.Successive_Outbidding>0.75]["Auction_Duration"],
            orient="h",data=u)
```

```
plt.subplot(122)
for j in np.unique(u.Class):
    u[u.Class==j][u.Successive_Outbidding>0.75]["Auction_Duration"].\
    plot.kde(label=j,linestyle=Ls[j])
    plt.legend(loc='best')
```

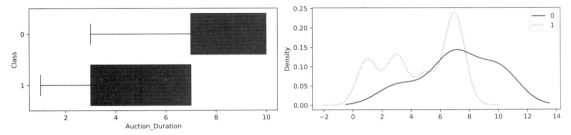

图 1.7.10 例 1.5 欺诈竞标部分数据的变量 **Auction_Duration** 对 **Class** 的盒形图 (左) 及密度估计图 (右)

第 2 章 传统统计: 参数推断简介

> **问题与思考**
>
> 传统数理统计所关心的是关于假定模型的固定参数的显著性检验和区间估计, 这是统计推断的核心内容, 占据了数理统计教材中的绝大部分内容. 虽然本书的后续内容与此无关, 但鉴于其历史地位, 这里通过例子予以介绍.

2.1 关于总体均值 μ 的推断

例 2.1 玉米生长例子 (ZeaMays.csv) 这是来自达尔文交叉授粉和自体授粉玉米[①]高度的配对数据[②], 该数据包含在 R 程序包 `HistData` 中. 数据成对地描述了在相同条件下生长的两种玉米幼苗, 一种接受交叉授粉, 另一种通过自体授粉. 他的目标是证明交叉授粉的植物具有更大的活力. 记录的数据是每对植株的最终高度, 单位是英寸, 精确到 1/8. 表 2.1.1 展示了该数据, 其中有 5 个变量, pair 代表配对编号 (一共有 15 对), pot 代表盆 (一共有 4 种), 为分类变量, cross 为交叉授粉植株的高度, self 为自体授粉植株的高度, diff 为交叉授粉植株的高度与自体授粉植株的高度之差 (见图 2.1.1).

表 2.1.1 达尔文玉米高度配对数据

pair	1	2	3	4	5	6	7	8	9	10	11	12	13	14	15
pot	1	1	2	2	2	3	3	3	3	3	3	4	4	4	4
cross	23.500	12.000	21.000	22.000	19.125	21.500	22.125	20.375	18.250	21.625	23.250	21.000	22.125	23.000	12.000
self	17.375	20.375	20.000	20.000	18.375	18.625	18.625	15.250	16.500	18.000	16.250	18.000	12.750	15.500	18.000
diff	6.125	−8.375	1.000	2.000	0.750	2.875	3.500	5.125	1.750	3.625	7.000	3.000	9.375	7.500	−6.000

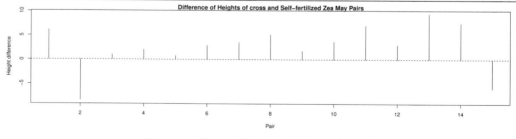

图 2.1.1 例 2.1 两种玉米植株的 15 对高度差

在实验设计中, Fisher (1935) 使用这些数据来进行配对的 t 检验 (实际上是均值差的单样本检验).[③]

由于这是配对试验, 在表 2.1.1 的后三行数据中, 只关心最后一行数据 (即变量 diff), 记

[①] zea may 和 corn 同义.
[②] Darwin, C. (1876). *The Effect of Cross- and Self-fertilization in the Vegetable Kingdom*, 2nd Ed. London: John Murray.
[③] Fisher, R. A. (1935). *The Design of Experiments*. London: Oliver & Boyd.

diff 的 $n = 15$ 个观测值为 $x_1, x_2, \ldots, x_n$, 其样本均值为 $\bar{x} = 2.617$ 英寸, 中位数是 3 英寸.

图 2.1.1 直观地显示了这 15 对植株的高度差. 其中只有两对植株的高度差小于 0, 而其余 13 对植株的高度差都大于 0. 下面介绍人们如何用不同方式包装这个问题.

> **问题与思考**
>
> 对于例 2.1 来说, 虽然样本均值 $\bar{x} = 2.617 > 0$, 但这是不够的, **学者试图要人们相信**:
> 1. 这个结果可以推广, 也就是说, **这些试验不用重复, 完全可以证明该结果为普遍适用的**.
> 2. 这个结果的具体形式是: **一般情况下交叉授粉和自体受粉植株的逐对高度差的均值都大于 0**.

2.1.1 经典统计推断必须有的假定

经典统计如何包装这个问题呢? 我们不能直接说 "这个结论普遍适用", 而必须使用不那么大众化但又貌似严密的数学语言来进行 "证明". 为此, **首先需要的是下面关于数据的数学假定 (当然, 数据是否真的符合这些假定完全无法验证)**.

假定 2.1

1. 假定数据中的这 $n = 15$ 个观测值是 $n = 15$ 个随机变量 $X_1, X_2, \ldots, X_n$ 的一个实现.
2. 这些随机变量 $X_1, X_2, \ldots, X_n$ 有完全相同的分布 $f(x)$, 因此它们有相同且固定的均值 $E(X_i) = \mu$.
3. 随机变量 $X_1, X_2, \ldots, X_n$ 相互独立.
4. 假定 $f(x)$ 是正态分布 $N(\mu, \sigma^2)$, 目的是使得 $\overline{X}$ 有正态分布 $N(\mu, \sigma^2/n)$. 或者假定样本量很大, 目的是可以使用中心极限定理, 使得 $\overline{X}$ 有正态渐近分布 $N(\mu, \sigma^2/n)$.
5. 假定在 $X_1, X_2, \ldots, X_n$ 中不存在离群点 (凡是远离观测值主体的点, 可被主观认为是离群点, 但没有统一的定义).

此外, 论证的另一个基础是: **植株的高矮是以均值 μ 作为指标, 而不是其他诸如中位数那样的度量.** 这意味着只要导出 $\mu > 0$, 就可得出交叉授粉的植株比自体受粉的植株高的结论. **此处以均值这个数目为关注中心不是出于实际需要, 而是出于数学上的可行性.**

2.1.2 经典统计的显著性检验

根据假定 2.1 得到了 $\overline{X}$ 的分布形式, 即 $\overline{X} \sim N(\mu, \sigma^2)$, 其中我们关注的是 μ, 而 σ^2 有些多余, 因此我们用样本标准差 (也是随机变量) $S = \sqrt{\frac{1}{n-1} \sum_{i=1}^{n} \left(X_i - \overline{X}\right)^2}$ 来代替未知的标准差 σ. 根据假定 2.1, 得到

$$T = \frac{\overline{X} - \mu}{S/\sqrt{n}} \sim t_{n-1}. \tag{2.1.1}$$

对于例 2.1 的数据, 自由度为 $n - 1 = 15 - 1 = 14$, 式 (2.1.1) 的分布还有什么是未知的? 那就是作为目标的 μ 还不知道, 但这正是显著性检验的关键! 我们假设 (**注意: 这里改变了名称, 从 "假定" 改为了 "假设"**) μ 为我们想要证明不正确的某个 μ_0 (对于例 2.1, $\mu_0 = 0$), 然后用试验数据说明这是一个小概率事件, 于是就 "证明了" $\mu > 0$. 大功告成! 下面是显著性检验的具体步骤.

1. 建立假设, 其中零假设 H_0 是想要否定的, 而备选假设是想要 "证明" 的:
$$H_0: \mu = 0 \Leftrightarrow H_a: \mu > 0. \qquad (2.1.2)$$

2. 于是在零假设 H_0 下, 式 (2.1.1) 成为:
$$T = \frac{\overline{X} - \mu_0}{S/\sqrt{n}} = \frac{\overline{X} - 0}{S/\sqrt{15}} \sim t_{14}. \qquad (2.1.3)$$
这里的 T 称为**检验统计量**[①], 由于它服从 t_{14} 分布, 这个检验称为 t 检验.

3. 例 2.1 的实验结果被看成式 (2.1.3) 左边统计量 T 的一个实现, 由于 $x = \overline{x} \approx 2.616667$, $s = \sqrt{\frac{1}{14}\sum_{i=1}^{15}(x_i - \overline{x})^2} \approx 4.718$, 则
$$t = \frac{\overline{x} - 0}{s/\sqrt{15}} \approx 2.148.$$

4. 在假设 H_0 下, 具有 t_{14} 分布 (式 (2.1.3)) 的统计量 T 得到这个或更极端 (依备选假设的 "大于" 方向) 的结果的概率为[②]:
$$P(T > t) \approx 0.0248.$$
这就是著名的 p 值 (p-value).

5. **确定上面的 p 值是否属于小概率以拒绝零假设.** 这就需要一个多大是 "小概率" 的标准, 称为**显著性水平** (significant level), 通常记为 α. 有多种主观认定的小概率标准, 其中最著名的是 $\alpha = 0.05$. 这些标准是没有任何科学和数学依据的百分之百的主观决策. 例 2.1 的 p 值只有 0.0248, 小于 0.05, 因此, 按照 $\alpha = 0.05$ 的标准, 小概率事件发生了, 也就是有了矛盾, 怪谁呢? 由于按照数学传统不能怀疑 "假定", 只能怪罪于零假设 H_0, 于是得出结论: **拒绝零假设 H_0 而倾向于备选假设 H_a. 也就是说, 在普遍意义下, 交叉授粉和自体受粉的植株的高度差的均值大于 0.**

6. 通常还有双边检验, 比如对于均值的 t 检验可以有 3 种 (头两行称为单边 (或单尾) 检验, 而最后一行称为双边 (或双尾) 检验):
$$H_0: \mu = 0 \Leftrightarrow H_a: \mu > 0.$$
$$H_0: \mu = 0 \Leftrightarrow H_a: \mu < 0.$$
$$H_0: \mu = 0 \Leftrightarrow H_a: \mu \neq 0.$$
一般来说, 人们根据统计量 T 的实现值是否大于 μ_0 来选取相应的备选假设. 因此上式第三行的双边检验似乎是多余的, 而且 p 值等于 $P(|T| > t)$, 这比单边检验的 p 值大一倍, 导致不易 "显著". 使用双边检验的目的恐怕是当年为了表示检验的客观性而假装不知道 T 的实现值的方向所致.

7. **"不显著则接受零假设" 的说法.** 这意味着如果 p 值不小于显著性水平 α, 则认为零假设为真. 这种说法在国外早已不使用了, 但 40 年后仍然可以在国内的权威教材中看到. **国外的教材早在 40 年前统一表述为: 如果 p 值大于 α, 则只能说 "没有足够的证据拒绝零假设", 而不能说 "接受零假设".** 为什么 "不显著则接受零假设" 的说法是错误的呢?

[①] 任何随机样本的函数都称为**统计量** (statistic), 用于检验的统计量称为**检验统计量** (test statistic).
[②] 可使用 R 代码 w=read.csv("ZeaMays.csv"); t.test(w[,5],mu=0,alternative='greater').

(1) 从逻辑上来说, 不显著意味着证据不足以否定零假设, 但这并不能成为零假设正确的理由. 比如, 你不能说没有看见某人吸烟就证明其不是烟民.
(2) **减少数据可以增加 p 值并导致 "接受零假设".** 比如, 对于例 2.1 的数据, 取前 10 个观测值, 则 p 值为 0.089, 则 (对于 $\alpha = 0.05$) 可以 "接受 $\mu = 0$ 的零假设". 因此, "不显著则接受零假设" 的说法增加了决策的随意性, 在荒谬的显著性逻辑上又增加了误导.

问题与思考

剖析上述 t 检验的全过程:

1. 假定 2.1 的第 1 条把这个局部试验假定为普遍适用的: 从数据反过来假定总体 (**主观而又无法核对的假定**):
$$\boldsymbol{x} = (x_1, x_2, \ldots, x_n) \Rightarrow \boldsymbol{X} = (X_1, X_2, \ldots, X_n).$$

2. 假定 2.1 的其余诸条假定了这个总体在数学上服从方便的分布 (**主观而又无法核对的假定**):
$$X_1, X_2, \ldots, X_n \overset{\text{i.i.d.}}{\sim} N(\mu, \sigma^2).$$

3. 根据目的设立一个零假设 $H_0: \mu = \mu_0$ 和备选假设 $H_a: \mu > \mu_0$ (对例 2.1, $\mu_0 = 0$), 之所以称为 "假设", 是允许怀疑, 而其他的 "假定" 则神圣不可侵犯. 然后得到 T 在 H_0 下的分布 p 值 $(= P(T > t))$.

4. 根据主观的显著性水平 α 来决定是否显著 (对例 2.1, 在 $\alpha = 0.05$ 时显著, 因而拒绝零假设).

这是在一个 "假定"+"假设" 生成的完全虚拟的人造世界中导出的小概率事件 (概率是否 "小" 完全取决于主观决定的 α 值), 而且导致 "小概率" 的原因还不许怀疑 "假定", 只能归咎于零假设. 这就是一些人感到自豪的 "统计思维".

此外, t 检验使人们专注于假想分布的一个固定参数: 均值.

1. 这个假想分布是否存在? 是否不变? 这个固定的均值是否完全是想象出来的?
2. 即使假定存在固定分布, 也存在均值, **即使我们知道了均值的真实值 (实际上不可能)**, 那又有什么用处? 比如 2013 年世界个人年收入中位数为 2010 美元, 而年收入均值为 5375 美元, 人们会关注中位数还是均值?
3. 在存在互相影响的大量变量的现实世界中, 花大量精力来研究一个并非有重要意义的虚拟分布的参数是否值得?

2.1.3 经典统计总体均值 μ 的置信区间

一、置信区间的包装铺垫

人们虽然知道例 2.1 中变量的样本均值的实现为 $\bar{x} = 2.617$, 但并不满足于此, 因为它还没有和 2.1.1 节中假定 2.1 的参数 μ 关联上. 一些统计学家认为需要告诉世人, μ 应该在一个什么样的区间中, 这就是所谓的**区间估计**.[①] 这需要用到前面 2.1.1 节的包装, 其中的假定 2.1 把一个简单的样本 $x_1, x_2, \ldots, x_n$ 推广到一个普遍的具有各种良好数学性质及分布的总体 $X_1, X_2, \ldots, X_n$ 上. 由式 (2.1.1) 可知统计量 T 有对称的 $t_{n-1}(= t_{14})$ 分布, 因此对于一个预先选定的 $0 < \alpha < 1$ (最常见的是 $\alpha = 0.05$), 可以找到一个常数 $t_{n-1,\alpha/2}$ 使得

[①] 而使用所谓**估计统计量** $\overline{X}$ 的实现值仅仅是**点估计**.

$$P(T \geqslant t_{n-1,\alpha/2}) = \alpha/2, \text{或者}$$

$$P(-t_{n-1,\alpha/2} \leqslant T \leqslant t_{n-1,\alpha/2}) = P\left(-t_{n-1,\alpha/2} \leqslant \frac{\overline{X} - \mu}{S/\sqrt{n}} \leqslant t_{n-1,\alpha/2}\right) = 1 - \alpha. \tag{2.1.4}$$

二、μ 的 $1 - \alpha$ 置信区间的产生

通过简单代数运算, 从式 (2.1.4) 得到

$$P\left(\overline{X} - \frac{t_{n-1,\alpha/2} S}{\sqrt{n}} \leqslant \mu \leqslant \overline{X} + \frac{t_{n-1,\alpha/2} S}{\sqrt{n}}\right) = 1 - \alpha. \tag{2.1.5}$$

式 (2.1.5) 表明: **在假定 2.1 下, 随机区间**

$$\left(\overline{X} - \frac{t_{n-1,\alpha/2} S}{\sqrt{n}},\ \overline{X} + \frac{t_{n-1,\alpha/2} S}{\sqrt{n}}\right) \tag{2.1.6}$$

以概率 $1 - \alpha$ 包含固定参数 μ. 该区间的数值实现, 也就是用随机变量实现值 $\overline{x}$ 和 s 代替式 (2.1.6) 中的随机变量 $\overline{X}$ 和 S, 这样得到的**非随机数值区间**

$$\left(\overline{x} - \frac{t_{n-1,\alpha/2} s}{\sqrt{n}},\ \overline{x} + \frac{t_{n-1,\alpha/2} s}{\sqrt{n}}\right) \tag{2.1.7}$$

称为$100(1 - \alpha)$% 置信区间.[①] 该区间没有随机变量, 是由数据计算出来的数值.

三、涉及例 2.1 均值 μ 的 95%置信区间的计算

假定需要对例 2.1 数据得到均值 μ 的 95%置信区间, 这意味着 $\alpha = 0.05$ $(1 - \alpha = 0.95)$. 于是, 在式 (2.1.6) 中代入 $n = 15$, $t_{n-1,\alpha/2} = 2.145$ (可利用求分布 t_{14} 的 0.025 分位数的 R 代码 -qt(0.025,14)), $\overline{x} = 2.617$ 及 $s = 4.718$, 得到例 2.1 数据产生的 μ 的一个 95%置信区间[②]:

$$\left(\overline{x} - \frac{t_{n-1,\alpha/2} s}{\sqrt{n}},\ \overline{x} + \frac{t_{n-1,\alpha/2} s}{\sqrt{n}}\right)$$

$$= \left(2.617 - \frac{2.145 \times 4.718}{\sqrt{15}},\ 2.617 + \frac{2.145 \times 4.718}{\sqrt{15}}\right) \tag{2.1.8}$$

$$= (0.004,\ 5.230).$$

四、$1 - \alpha$ 置信区间的意义

现在解释式 (2.1.7) 的区间 (以及我们数据产生的式 (2.1.8) 中的区间) 为什么称为 "$1 - \alpha$ 置信区间"? 到底有什么意义呢? 其中有无概率? 在理论上, **如果假定 2.1 完全是真理, 式 (2.1.7) 的 $1 - \alpha$ 置信区间具有下面的意义:**

1. 虽然随机区间 (2.1.6) 以概率 $1 - \alpha$ 包含固定均值 μ, 但是式 (2.1.7) 的区间仅仅是 (式 (2.1.6) 表示的) 随机区间的一个实现, 式 (2.1.7) 的区间由两个非随机实数组成, μ 也是一个固定的非随机参数. 因为在固定的非随机数目之间没有概率可言, 因此**该 $1 - \alpha$ 置信区间没有任何概率含义.**

2. 定语 "$1 - \alpha$" 对式 (2.1.7) 的**非随机区间**有什么意义呢? 其意义为: **如果假定 2.1 满足, 那么做无穷次类似的样本量为 n 的抽样, 则在得到的 (用式 (2.1.7) 计算的) 无穷个数值区间中, 有大约 $100(1 - \alpha)$% 个区间包含 μ, 但目前这个 (式 (2.1.7) 或式 (2.1.8) 显**

[①]其实就是 $1 - \alpha$ 置信区间, 主要是国外喜用 "%" 做量词所致, 而国内也学会这样使用, 即不用 "百分之几", 而是 "几个百分点".

[②]可用 R 代码 w=read.csv("ZeaMays.csv"); t.test(w[,5])[[4]] 得到.

示的) 区间是否包含 μ, 则永远不知道.

五、置信区间和显著性检验 "接受零假设" 的等价性

考虑在假定 2.1 成立的情况下对于均值 μ 的 t 检验及区间估计.

(1) 对于检验 $H_0: \mu = \mu_0 \Leftrightarrow H_a: \mu < \mu_0$ (只有样本均值 $\bar{x} < \mu_0$ 才使用):

$$p \text{ 值} < \alpha \text{ 等价于 } \mu_0 \notin \left(-\infty, \bar{x} + \frac{s}{\sqrt{n}}t_\alpha\right);$$

$$p \text{ 值} > \alpha \text{ 等价于 } \mu_0 \in \left(-\infty, \bar{x} + \frac{s}{\sqrt{n}}t_\alpha\right).$$

如果取 $\alpha = p$ 值, 上述 $1 - \alpha$ 置信区间为 $(-\infty, \mu_0)$.

(2) 对于检验 $H_0: \mu = \mu_0 \Leftrightarrow H_a: \mu > \mu_0$ (只有样本均值 $\bar{x} > \mu_0$ 才使用):

$$p \text{ 值} < \alpha \text{ 等价于 } \mu_0 \notin \left(\bar{x} - \frac{s}{\sqrt{n}}t_\alpha, +\infty\right);$$

$$p \text{ 值} > \alpha \text{ 等价于 } \mu_0 \in \left(\bar{x} - \frac{s}{\sqrt{n}}t_\alpha, +\infty\right).$$

如果取 $\alpha = p$ 值, 上述 $1 - \alpha$ 置信区间为 $(\mu_0, +\infty)$.

(3) 对于检验 $H_0: \mu = \mu_0 \Leftrightarrow H_a: \mu \neq \mu_0$:

$$p \text{ 值} < \alpha \text{ 等价于 } \mu_0 \notin \left(\bar{x} - \frac{s}{\sqrt{n}}t_{\alpha/2}, \bar{x} + \frac{s}{\sqrt{n}}t_{\alpha/2}\right);$$

$$p \text{ 值} > \alpha \text{ 等价于 } \mu_0 \in \left(\bar{x} - \frac{s}{\sqrt{n}}t_{\alpha/2}, \bar{x} + \frac{s}{\sqrt{n}}t_{\alpha/2}\right).$$

如果取 $\alpha = p$ 值, 上述 $1 - \alpha$ 置信区间有一个端点等于 μ_0.

考虑例 2.1 对于均值 μ 的 t 检验 ($H_0: \mu = \mu_0 = 0$) 及区间估计.

(1) 对于 $H_{a1}: \mu > \mu_0 = 0$, 因 $\alpha = 0.05$, 则 95% 置信区间为 $(0.471, +\infty)$, 如果取 $\alpha = p$ 值 $= 0.025$, 有 $1 - \alpha = 0.975$, 这时, 97.5% 置信区间为 $(0, +\infty)$.

(2) 对于 $H_{a2}: \mu \neq \mu_0 = 0$, 则 95% 置信区间为 $(0.004, 5.230)$, 如果取 $\alpha = p$ 值 $= 0.0497$, 有 $1 - \alpha = 0.950$, 则 95.0% 置信区间为 $(0, 5.233)$.

显然, 显著性检验和置信区间是完全等价的. 而且, 在显著性水平 α 下因不显著而 "接受零假设" 和 "$1 - \alpha$ 置信区间包含 μ_0" 完全等价. 在显著性检验被科学家普遍抛弃的今天, 还有必要研究置信区间吗?

问题与思考

下面剖析 μ 的 $1 - \alpha$ 置信区间的本质. 和假设检验一样, 完全不可验证的假定 2.1 把问题包装成为一个普遍现象. 即使在假定 2.1 满足的情况下:

1. 得到的式 (2.1.7) 的 $1 - \alpha$ 置信区间是否包含虚拟分布的均值 μ 是无法得知的.
2. $1 - \alpha$ 不是概率, 仅仅是对重复虚拟抽样的无数次结果的解释 (有 $100(1-\alpha)\%$ 比例的区间覆盖未知固定参数 μ).
3. 一些教材说式 (2.1.7) 的数值区间 "以 $1 - \alpha$ 的概率覆盖 μ", 这完全是错误的.

2.1.4 贝叶斯统计的一些基本概念

由于任何分布的参数在贝叶斯统计看来都是随机变量, 所以任何分布都是条件分布, 这也使得贝叶斯统计中的记号习惯和经典统计不太一样. 比如某观测的随机变量 x 的密度函数可以写成 $p(x|\theta)$, 其中 θ 为分布的参数 (或参数向量), **贝叶斯统计中的所有参数都是随机变量**, 记 $\theta \sim p(\theta)$, 这里的 $p(\theta)$ 称为 θ 的**先验分布** (prior distribution, prior 或者 a priori). 我们希望根据观测的 x 来对 θ 做出推断. 如果 θ 在连续范围取值, 相应的贝叶斯定理为 (在离散型变量情况下, 式中的积分换成求和符号):

$$p(\theta|x) = \frac{p(x,\theta)}{p(x)} = \frac{p(x|\theta)p(\theta)}{\int p(x|\theta)p(\theta)\mathrm{d}\theta}. \tag{2.1.9}$$

上面的 θ 可以是多元的, 这时右边分母的积分是在 θ 值域上运行的. 这里的 $p(\theta|x)$ 称为 θ 在观测到 x 后的**后验分布** (posterior distribution 或 posterior). **后验分布根据观测的数据 x 对参数 θ 的先验分布进行更新, 也就是说, 不断用新的信息来修正过去的知识, 这是贝叶斯统计推断最重要的一个特点.** 不像传统统计只关心一个固定参数的值, 贝叶斯统计关心参数随数据而更新的整个后验分布. 此外, 贝叶斯统计并不限制**非恰当先验分布** (improper prior) 作为先验分布, 所谓非恰当先验分布的积分不一定等于 1 (甚至可能无穷), 只要后验分布是恰当的分布即可.

式 (2.1.9) 中的后验分布总是习惯上写成

$$p(\theta|x) \propto p(x|\theta)p(\theta), \tag{2.1.10}$$

其中的比例常数为 $1/p(x)$, 而 $p(x) = \int p(x|\theta)p(\theta)\mathrm{d}\theta$.

在贝叶斯统计中, 对于先验分布的选择没有限制 (只需值域合适即可), 但是为了数学上的方便, 产生了一种**共轭先验分布** (conjugate prior distribution). 如果后验分布 $p(\theta|x)$ 与先验分布 $p(\theta)$ 属于相同的概率分布族, 则先验分布和后验分布称为共轭分布, 并且先验分布被称为似然函数的共轭先验分布. 诸如正态分布、二项分布等都属于指数分布族, 而指数分布族的所有成员都存在共轭先验分布. 共轭分布在数学上很方便, 但不一定最合适.

2.1.5 贝叶斯统计对例 2.1 的推断

对于例 2.1, 用 x 表示变量 diff 的观测值向量[①], 而且和经典统计类似, 但是不假定独立同分布, 而是假定 x 服从多元正态分布, 其参数为均值向量 μ 和协方差矩阵 Σ, 该多元正态分布记为 $N(\mu, \Sigma)$[②], 其概率密度函数为:

$$f(x_1, x_2, \ldots, x_k|\mu, \Sigma) = \frac{\exp\left[-\frac{1}{2}(x-\mu)^\top \Sigma^{-1}(x-\mu)\right]}{\sqrt{(2\pi)^k |\Sigma|}};$$

如果把方差的倒数作为参数: $\tau \equiv 1/\Sigma^2$, 这是另一种正态分布的参数形式, 记为 $N(\mu, \tau)$, τ 称为**精度**.

对于分布 $N(\mu, \tau)$, μ 和 τ 未知但可交换[③]时, 参数 μ, τ 的一个共轭先验分布为正态-Gamma 分布, 即 Normal-Gamma $(\mu_0, \nu, \alpha, \beta)$. 在这种共轭先验分布下, 后验分布也是正态-

---

[①] 一般来说, 在贝叶斯统计的符号系统中并不强调参数为标量或向量 (如传统统计中用黑体表示矩阵或向量), 我们也遵循这种习惯.

[②] 前面经典统计假定的正态分布是这里的 $\Sigma = \sigma^2 I$ 的特例.

[③] 如果一个随机变量序列的任意排列都有相同的联合分布, 则该序列称为可交换的.

Gamma 分布, 其 4 个参数 (现在依赖于观测的样本 x 和先验分布的参数 $(\mu_0, \nu, \alpha, \beta)$) 为:

$$\left(\frac{\nu\mu_0 + n\bar{x}}{\nu + n},\ \nu + n,\ \alpha + \frac{n}{2},\ \beta + \frac{1}{2}\sum_{i=1}^{n}(x_i - \bar{x})^2 + \frac{n\nu}{\nu + n}\frac{(\bar{x} - \mu_0)^2}{2}\right). \tag{2.1.11}$$

对于例 2.1, 如果选取参数 (μ, τ) 先验正态-Gamma 分布的 4 个参数为 $(\mu_0, \nu_0, \alpha_0, \beta_0) = (0, 0.05, 1, 1)$, 则根据式 (2.1.11) 得到参数 (μ, τ) 后验正态-Gamma 分布相应的 4 个参数为 $(2.607973, 15.05, 8.5, 156.990397)$. 可以用下面的代码生成参数 (μ, τ) 的先验和后验正态-Gamma 分布的二维密度图 (见图 2.1.2), 图中标出了可信区域 (比如标有 5 的等高线为 95% 的可信区域). 在贝叶斯统计中, 可信区域或一维时的可信区间是真正有概率意义的, 比如均值 μ 的 95% 的可信区间就意味着均值 μ 在该区间的概率为 0.95, 这是因为 μ 是随机变量.

```
w=read.csv("ZeaMays.csv");x=w[,5];par = c(0, 0.05, 1, 1)
par2=c(2.607973, 15.05, 8.5, 156.990397)
library(nclbayes)
mu=seq(-55,55,len=1000)
tau=seq(0,4,len=1000)
mu2=seq(0,5.2,len=1000)
tau2=seq(0.02,.1,len=1000)
layout(t(1:2))
NGacontour(mu,tau,par[1],par[2],par[3],par[4])
title(expression(paste("prior of ", mu, "," ,tau)))
NGacontour(mu2,tau2,par2[1],par2[2],par2[3],par2[4])
title(expression(paste("posterior of ", mu, "," ,tau)))
```

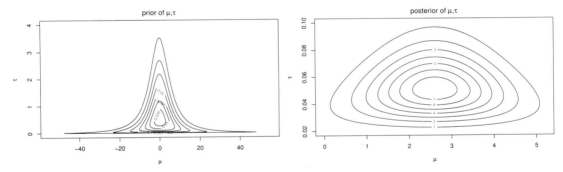

图 2.1.2 例 2.1 参数 μ 和 τ 的先验密度 (左) 和后验密度 (右) 等值线图

还可以利用先验和后验密度, 根据正态-Gamma 分布的定义对参数 (μ, τ) 进行抽样 (得到图 2.1.3).

```
rnormgam=function(n, mu, lambda, alpha, beta,seed=1010) {
  set.seed(seed)
  tau=rgamma(n, alpha, beta)
  x=rnorm(n, mu, sqrt(1/(lambda*tau)))
  data.frame(tau = tau, x = x)
}
```

```
c=rnormgam(1000,par[1],par[2],par[3],par[4])
c2=rnormgam(1000,par2[1],par2[2],par2[3],par2[4])
plot(tau~x,c,pch=16,col=4,main="Sampling from prior",
     xlab=expression(mu),ylab = expression(tau))
plot(tau~x,c2,pch=16,col=4,main="Sampling from posterior",
     xlab=expression(mu),ylab = expression(tau))
```

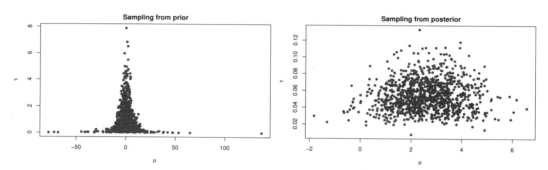

图 2.1.3 例 2.1 的先验密度 (左) 和后验密度 (右) 的抽样散点图

问题与思考

通过贝叶斯统计对例 2.1 的推断, 我们可以看出, 虽然贝叶斯统计也对数据的分布做了假定, 但有几点与经典统计不同:

1. 贝叶斯统计假定分布的参数是**随机变量**, 而经典统计的所有参数都是**非随机的不变常数**.
2. 贝叶斯统计考虑若干**参数的联合分布**, 而经典统计仅孤立地聚焦于其中之一.
3. 贝叶斯统计得到的是两个参数的联合后验分布, 根据该分布可以得到**有概率意义的参数的可信区间**, 而经典统计无法得出**有概率意义的关于参数的区间**.
4. 从贝叶斯统计的参数联合后验分布可以轻易地明白参数的状况, 而经典统计通过 p 值和 α 的显著性检验得到的关于参数的结论模糊而又模棱两可.
5. 虽然贝叶斯统计也是模型驱动的, 但**贝叶斯统计的数学从头到尾都是严格的**, 而传统统计的推理链 "数学假定 $\Rightarrow$ 假设 $\Rightarrow p$ 值及 $\alpha \Rightarrow$ 显著性" 是**数学及主观意愿的不合逻辑的混合**.
6. 从图 2.1.2 左右两图的比较可以看出, 仅仅例 2.1 的 15 个观测值就使得贝叶斯统计的后验分布完全不同于其先验分布, 这展现了**贝叶斯统计通过数据更新信息的强大能力**, 这种思维在数据科学中起到了越来越大的作用.

关于贝叶斯统计, 可能会有下面一些关于先验分布的问题:

1. **先验分布必须选择共轭分布吗?** 完全不必要, 首先绝大多数分布根本没有共轭先验分布; 其次, 先验分布仅仅在数学上是方便的, 但绝对不是最优的, 必须根据具体情况来确定.
2. **如果没有先验信息, 怎么办?** 可以选择诸如均匀分布之类的非主观先验分布 (即所谓 "无信息先验分布"), 让数据作为确定后验分布的主导.
3. **如果对于某些先验分布, 分析上计算不出后验分布的表达式, 怎么办?** 目前的贝叶斯计算软件非常强大, 一般来说, 只要假定的先验分布合理 (理顺数据、分布及各种值域等关系), 就值得尝试. 后验分布的解析推导困难曾使得贝叶斯统计的发展减缓, 但目前以马尔可夫链蒙特卡罗方法 (MCMC) 或部分推断 (variational inference, VI) 为核心的大量计算方法使得贝叶斯统计走上了发展的快车道.

2.2 关于伯努利试验概率的推断

例 2.2 假定一家医院某手术的感染率为 θ, 实际上, 这家医院的 9 次手术均无感染. 在其他医院, 感染率为 2%~23% 不等, 平均起来, 感染率大约为 10%, 我们能够得到关于 θ 的什么信息?

2.2.1 经典统计的显著性检验

在传统统计中, 对于比例的假设检验的动机和步骤与对连续型变量均值的检验几乎完全一样, 只不过这里要稍微简单一些.

一、为推广而做的伯努利试验假定

假定 2.2 传统统计假定例 2.2 中的感染率服从参数为 θ 的伯努利分布, 也就是说, 每次的结果都和其他次手术是否感染的结果独立, 而且感染率均为固定的参数 θ. 记在 n 次手术中, 作为随机变量的感染次数为 X (实现值记为 x), 它服从二项分布 $\text{Bin}(n, \theta)$, 这里 $n = 9$, 而 θ 为感染率.

二、确立假设

根据例 2.2, 感染率最高在 23% 左右, 由于样本实现值 $x = 0$, 可以做检验
$$H_0 : \theta = 0.23 \Leftrightarrow H_a : \theta < 0.23.$$

三、计算 p 值并作出是否显著的结论

在零假设 H_0 下, $X \sim \text{Bin}(9, 0.23)$, 这时统计量 X 得到等于实现值 x 或更极端 (依备选假设的"小于"方向) 结果的概率为 (例 2.2 的 $x = 0$):
$$P(X < x) = \sum_{i=0}^{x} \binom{9}{i} 0.23^i (1-0.23)^{9-i} = 0.095.$$

也就是说, p 值等于 0.095, 这个 p 值足够小以拒绝零假设吗? 只有显著性水平 α 大于 p 值才能拒绝, 但按照传统统计的习惯, 通常取 $\alpha = 0.05$, 因此只能说 "**没有足够的证据拒绝零假设**", 或者 "**该检验不显著**". 更糟糕的是, 按照国内一些权威教材 "**不显著则接受零假设**" 的说法, **这 9 个均无感染的手术 "证明了感染率等于 0.23".**

实际上, 只有提高 H_0 中 θ_0 的值, 才能减小 p 值, 经简单计算可得, 当 $\theta_0 = 0.232$ 或更大时, p 值会小于通常的 $\alpha = 0.05$, 该检验才显著.

2.2.2 经典统计关于比例 θ 的置信区间

不像连续型变量均值的情况, 对于这里的试验, 即使在假定 2.2 下, 也得不到比例 θ 的置信区间的解析式, 但是可以用一些算法得到某种近似的置信区间. 下面是 R 软件输入及所得的 θ 的 95% 置信区间:

```
> Hmisc::binconf(0,9,method='all',alpha=0.05)
            PointEst  Lower    Upper
Exact              0      0    0.3362671
Wilson             0      0    0.2991450
Asymptotic         0      0    0.0000000
```

```
> binom.test(0,9, conf.level = 0.95)$conf
[1] 0.0000000 0.3362671
```

使用 `Hmisc::binconf` 得到结果的第一行和 `binom.test` 的结果是一样的, 这是使用 F 分布来基于二项分布的累积分布函数计算的置信区间; `Hmisc::binconf` 的第二行是基于得分和检验的 **Wilson** 算法计算的置信区间; `Hmisc::binconf` 的第三行是多数教材介绍的基于正态近似二项分布 (假定 n 很大, 虽不精确, 但可以写出解析式) 所得的置信区间, 这种方法在例 2.2 这种零感染的极端情况下得到没有意义的置信区间 $[0,0]$.

除了单点区间 $[0, 0]$ 之外, 上面的两个 95% 置信区间 $(0, 0.336)$ 及 $(0, 0.299)$ 究竟告诉了我们什么? 只能是在试验满足假定 2.2 的情况下, 实行无穷多次这种手术后所产生的无穷多个类似区间中有 95% 包含真正的 θ, 但到底哪个包含, 永远不清楚.

> **问题与思考**
>
> 1. 关于比例 θ 的置信区间, 有各种近似, 实际上, 任何 $1-\alpha$ 置信区间都不是唯一的. 人们希望 $1-\alpha$ 越大越好, 但又希望区间越窄越好. 在前面关于均值 μ 的置信区间中, 因为 t 分布是单峰对称的, 所以对称的置信区间总是最窄的, 但在关于 θ 的置信区间上就不那么简单了.
> 2. 类似于对连续型变量均值的推断, 关于试验成功比例的显著性检验和区间估计也有着完全相同的问题. 仅有的区别在于一个是离散型变量假想分布的参数, 而另一个是连续型变量的而已.
> 3. 这些关于虚幻的总体参数推断的特点是: **目标狭隘、结论含糊不清、数学与主观决策在结果中混杂**.

2.2.3 贝叶斯统计对例 2.2 的推断

和传统统计类似, 贝叶斯统计假定例 2.2 的手术感染为有参数 θ 的伯努利试验, 但是, 这里的 θ 不是固定的, 而是随机变量. 记 n 次手术的结果为 $\boldsymbol{x} = (x_1, x_2, \ldots, x_n)$, 每个 x_i 取值 0 或者 1 (1 表示感染, 0 表示无感染). $\boldsymbol{x}$ 的联合分布为:

$$p(\boldsymbol{x}|\theta) = \theta^{\sum x_i}(1-\theta)^{n-\sum x_i}.$$

选择共轭先验分布 $\text{Beta}(\alpha, \beta)$:

$$p(\theta) \propto \theta^{\alpha-1}(1-\theta)^{\beta-1}.$$

后验分布为 $\text{Beta}(\sum x_i + \alpha, n - \sum x_i + \beta)$. 但是, 如何选择先验分布的参数 α 和 β 呢? 根据先验知识, 均值为 0.1, 也就是说, $\alpha/(\alpha+\beta) \approx 0.1$.[1] 根据这个条件及手术感染率的范围, 我们取 $\alpha=2, \beta=18$ (可以很容易地编写一段代码得到这个结果, 这留给读者完成), 这使得

$$P(0.02 < \theta < 0.23) \approx 0.9.$$

由于 $\sum x_i = 0, n = 9$, 后验分布为 $\text{Beta}(0+2, 9-0+18) = \text{Beta}(2,27)$. 因此后验分布均值为 $2/(2+27) \approx 0.06897$, 这个后验均值就是 θ 的贝叶斯估计.[2] 显然, 这个贝叶斯估计比经典统计作为无偏点估计的样本均值 $\bar{x} = \sum x_i/n = 0$ 看上去要合理得多, 但贝叶斯统计的重点不是点估计, 而是信息量大得多的后验分布本身及贝叶斯最高密度区域.

---

[1] $\text{Beta}(\alpha, \beta)$ 分布的均值为 $\alpha/(\alpha+\beta)$.
[2] 使得贝叶斯风险最小的决策称为贝叶斯决策, 在估计问题上称为贝叶斯估计.

2.2.4 贝叶斯最高密度区域

在参数后验分布是单峰的情况下, 可能会有多组满足下面条件的区间 $(L_{\alpha/2}, H_{\alpha/2})$:

$$\int_{L_{\alpha/2}}^{H_{\alpha/2}} p(\theta|\boldsymbol{x})\mathrm{d}\theta = 1-\alpha. \tag{2.2.1}$$

人们把满足这一条件的**最小区间**$(L_{\alpha/2}, H_{\alpha/2})$ 称为 $1-\alpha$ **最高密度区域** (highest density region) 或者**贝叶斯置信区间**. 注意, 在实际问题中, 有时会出现多峰后验分布, 这时最高密度区域很可能由多个连续区间组成. 这时的 $1-\alpha$ 最高密度区域就应该是满足条件

$$\int_{\theta \in \cup_{i=1}^m I_i} p(\theta|\boldsymbol{x})\mathrm{d}\theta = 1-\alpha \tag{2.2.2}$$

的区间 $I_1, I_2, \ldots, I_m$ 的总长度最短的区间集合 $\cup_{i=1}^m I_i$. 显然, 式 (2.2.2) 包含式 (2.2.1), 但式 (2.2.1) 会使得习惯频率派置信区间的人更容易理解.

为了得到最高密度区域, 有很多 R 的程序包可供使用, 比如利用 `hdrcde` 包[①]可以得到各种最高密度区域 (见图 2.2.1).

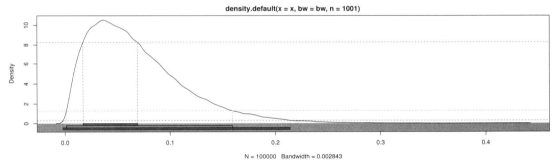

图 2.2.1　例 2.2 后验密度和 99%、95%、50%最高密度区域

下面是得到软件默认的 99%、95%、50%最高密度区域并且生成相应图 (见图 2.2.1) 的 R 代码.

```
library(hdrcde)
x <- rbeta(100000,2,27)
hdr.den(x)
```

输出为:

```
> hdr.den(x)
$hdr
         [,1]         [,2]
99% -0.002052142 0.21407089
95%  0.001197136 0.15925735
50%  0.017205239 0.06890401
```

[①]Hyndman, R. J. (2018). hdrcde: Highest Density Regions and Conditional Density Estimation. R package version 3.3. 网址为 http://pkg.robjhyndman.com/hdrcde.

```
$mode
[1] 0.03650655

$falpha
       1%        5%       50%
0.2856472 1.2641741 8.2776328
```

利用程序包 LearnBayes[1]中的函数 `triplot` 可以基于先验分布 Beta(2, 18) 及数据 (0 次感染, 9 次无感染) 绘制出先验密度、似然函数及后验密度图 (见图 2.2.2).

```
LearnBayes::triplot(c(2,18),c(0,9),where='top')
```

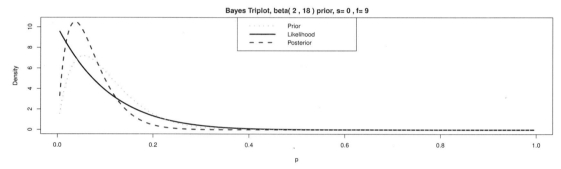

图 2.2.2 例 2.2 先验密度、似然函数及后验密度图

2.3 习 题

1. 请讨论上面对例 2.1 中的数据做 t 检验的全过程, 说明把一个局部实验结果包装推广为普遍结论的每个步骤.
2. 对下面两组数据做相同的 t 检验, 并查看和比较两个样本均值及检验的 p 值.
   (1) 对数据 $\boldsymbol{x} = (-3, -7, -1, -6)$ 做 t 检验:
   $$H_0 : \mu = 0 \Leftrightarrow H_a : \mu < 0,$$
   参考 R 代码:
   ```
   x = c(-3, -7, -1, -6); t.test(x, alt="less")
   ```
   (2) 对数据 $\boldsymbol{y} = (-3, -7, -2, -15)$ 做和 (1) 相同的 t 检验:
   $$H_0 : \mu = 0 \Leftrightarrow H_a : \mu < 0,$$
   参考 R 代码:
   ```
   y=c(-3, -7, -2, -15); t.test(y, alt="less")
   ```

---
[1] Albert, J. (2018). LearnBayes: Functions for Learning Bayesian Inference. R package version 2.15.1. https://CRAN.R-project.org/package=LearnBayes.

(3) 对数据 $z = (-4, -10, -3, -500)$ 做和 (1) (2) 相同的 t 检验:
$$H_0: \mu = 0 \Leftrightarrow H_a: \mu < 0,$$

参考 R 代码:

```
z=c(-4, -10, -3, -500); t.test(z, alt="less")
```

(4) 对数据 $u = (-10^{50}, -10^{50}, -10^{50}, -10^{100})$, 做 t 检验:
$$H_0: \mu = 10^{50} \Leftrightarrow H_a: \mu < 10^{50},$$

参考 R 代码:

```
u=c(-10^50,-10^50,-10^50,-10^100);t.test(u,mu=10^50,alt="less")
```

注意: 样本均值是绝对值很大的负数 $-2.5e+99$, 而零假设 μ_0 为很大的正数.
请根据上述问题所得到的结果回答下列问题:
(1) 如果选择显著性水平 $\alpha = 0.05$, 按照经典统计思维, 对上面两个检验你能够分别得出什么结论? 如果按照某些教材的 "不显著就接受零假设", 会得出什么结论?
(2) 是不是样本均值越小, p 值就越小, 检验就越 "显著"?
(3) 你觉得有什么不合理的地方? 如何解释?

3. 有人说用正态性检验不显著可以确定某变量来自正态分布. 对自然数 $x = 1, 2, \ldots, 50$ 执行下面的正态性检验, 得到

```
> shapiro.test(1:50)

 Shapiro-Wilk normality test

data:  1:50
W = 0.95558, p-value = 0.05809
```

按照显著性水平 $\alpha = 0.05$, 可得这个正态性检验不显著, 是不是 $1 \sim 50$ 的自然数来自正态总体?

4. 有的文献说 "样本量 30 就是大样本", 这意味着 (根据中心极限定理) 其均值服从正态分布. 下面取样本量 $n = 100000$, 我们得到 1000 个 $t(3)$ 分布的 10 万个独立观测值的均值, 即 1000 个 $\frac{1}{n}\sum_{i=1}^{n} x_i$, 并使用 Shapiro 正态性检验:

```
set.seed(10);y=NULL
for (i in 1:1000) {
  y=c(y,mean(rt(100000,3)))
}
shapiro.test(y)$p.v
```

得到 p 值为 0.016, 按照 $\alpha = 0.05$, 可以拒绝均值为正态分布的零假设. 但样本量是 10 万. 在这种情况下, 10 万算不算大样本呢? 使用渐近正态理论有什么风险? 是中心极限定理有问题还是中心极限定理的应用有问题? 请讨论.

5. 考虑 n 已知的二项分布变量 $y \sim \pi(y|\theta) \propto \theta^k(1-\theta)^{n-k}$. 如果给出了 θ 的先验分布 $\theta \sim \pi(\theta)$, 则后验分布为:
$$\pi(\theta|y) \propto \pi(y|\theta)\pi(\theta).$$

下面以先验分布 $\pi(\theta) = 1/\theta$ (Beta$(0,1)$ 分布) 作为先验分布.

(1) 证明 $\pi(\theta)$ 是非恰当先验分布 (做积分 $\int_0^1 \pi(\theta)\mathrm{d}\theta$, 看其是否有限).

(2) 后验分布为:
$$\pi(\theta|y) \propto \theta^{k-1}(1-\theta)^{n-k},$$

证明这是恰当后验分布 (Beta$(k, n-k+1)$ 分布 ($k \ne 0$)). 由此例说明这种 (扁平的非主观) 非恰当先验分布可以产生恰当的后验分布.

(3) 由于 Beta 分布的对称性, 请证明, 先验分布也可选非恰当先验分布 $\pi(\theta) = 1/(1-\theta)$ (Beta$(1,0)$ 分布), 得到恰当后验分布 (Beta$(k+1, n-k)$ 分布 ($k \ne n$)).

2.4 附录: 本章的 Python 代码

2.4.1 2.1 节的 Python 代码

生成图 2.4.1 的 Python 代码为:

```
w=pd.read_csv('ZeaMays.csv')
fig,ax=plt.subplots(figsize=(24,6))
ax.bar(x=range(15),height=w["diff"],width=.2)
ax.set_xlabel("Pairs")
ax.set_ylabel('Height difference')
ax.set_title('Difference of Heights of Cross and Self-fertilized Zea May Pairs')
plt.axhline(0, color='r')
```

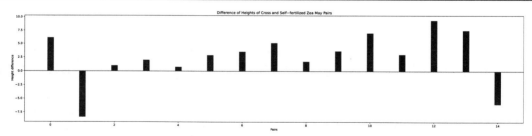

图 2.4.1　例 2.1 两种玉米植株的 15 对高度差

输入必要的模块并定义函数计算后验概率的参数:

```
from scipy.stats import gamma, norm, gaussian_kde
def parp(par,x):
    v=[]
    v.append((par[0]*par[1]+np.sum(x))/(par[1]+len(x)))
    v.append(par[1]+len(x))
    v.append(par[2]+len(x)/2)
    v.append(par[3]+0.5*(np.sum((x-np.mean(x))**2)+len(x)*par[1]/\
```

```
        (par[1]+len(x))*(np.mean(x)-par[0])**2))
    return(v)
```

根据正态-Gamma 分布的定义抽样函数 (注意不同软件对于 Gamma 函数参数定义的区别)并进行抽样:

```
def rnormgam(n, mu, lam, alpha, beta,seed=1010):
    np.random.seed(seed)
    tau=gamma.rvs(a=alpha, scale=1/beta,size=n)
    x=norm.rvs(loc=mu, scale=np.sqrt(1/(lam*tau)),size=n)
    df= pd.DataFrame(np.c_[tau.ravel(), x.ravel()], columns=['tau','x'])
    return(df)
x=pd.read_csv("ZeaMays.csv")['diff']
par = [0, 0.05, 1, 1]
par2=parp(par,x)
c=rnormgam(1000,par[0],par[1],par[2],par[3])
c2=rnormgam(1000,par2[0],par2[1],par2[2],par2[3])
```

生成和图2.1.3类似的图 (见图 2.4.2):

```
plt.figure(figsize=(15,4))
plt.subplot(1,2, 1)
plt.scatter(c['x'],c['tau'])
plt.title('Sample from prior')

plt.subplot(1,2,2)
plt.scatter(c2['x'],c2['tau'])
plt.title('Sample from posterior')
plt.show()
```

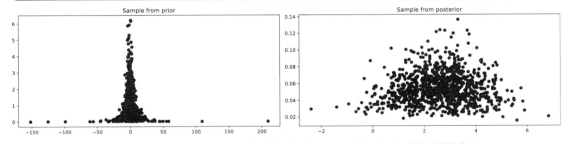

图 2.4.2　例2.1 参数 μ 和 τ 的先验密度 (左) 和后验密度 (右) 的抽样散点图

生成图 2.4.3 的代码为:

```
def xxyy(x,y):
    deltaX = (max(x) - min(x))/10
    deltaY = (max(y) - min(y))/10
    xmin = min(x) - deltaX
```

```
        xmax = max(x) + deltaX
        ymin = min(y) - deltaY
        ymax = max(y) + deltaY

        xx, yy = np.mgrid[xmin:xmax:1000j, ymin:ymax:1000j]
        positions = np.vstack([xx.ravel(), yy.ravel()])
        values = np.vstack([x, y])
        kernel = gaussian_kde(values)
        f = np.reshape(kernel(positions).T, xx.shape)
        return xx,yy,f

xx,yy,f=xxyy(c['x'],y=c['tau'])
xx2,yy2,f2=xxyy(c2['x'],y=c2['tau'])

plt.figure(figsize=(32,8))
ax1 = fig.gca()
cset1 = ax1.contour(xx, yy, f, colors='k')
ax2 = fig.gca()
cset2 = ax1.contour(xx2, yy2, f2, colors='k')
plt.subplot(121)
for j in range(len(cset1.allsegs)):
    for ii, seg in enumerate(cset1.allsegs[j]):
        plt.plot(seg[:,0], seg[:,1], '-', label=f'Cluster{j}, level{ii}')
plt.subplot(122)
for j in range(len(cset2.allsegs)):
    for ii, seg in enumerate(cset2.allsegs[j]):
        plt.plot(seg[:,0], seg[:,1], '-', label=f'Cluster{j}, level{ii}')
```

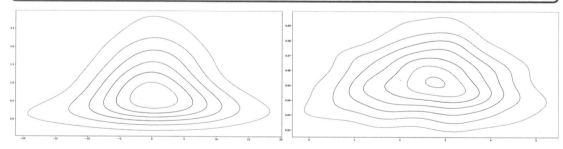

图 2.4.3　例 2.1 参数 μ 和 τ 的先验密度 (左) 和后验密度 (右) 等值线图

2.4.2　2.2 节的 Python 代码

输入必要的模块并利用自编函数 Hdr 计算不同的最高密度后验区域：

```
from scipy.stats import beta
def Hdr(cf=0.5,a=2,b=27):
    rv = beta(a, b)
```

```
    x=np.linspace(0.0001,0.8,10000)
    for k,i in enumerate(np.linspace(9,.0001,10000)):
        id=np.where(abs(rv.pdf(x)-i)<.0005)
        if len(x[id])==2:
            if np.diff(rv.cdf(x[id]))>cf:
                print(x[id],np.diff(rv.cdf(x[id])))
                break
    return (x[id],np.diff(rv.cdf(x[id])))

H5=Hdr(cf=0.5)
H95=Hdr(cf=0.95)
H99=Hdr(cf=0.99)
```

画图 (见图 2.4.4):

```
a=2;b=27
rv = beta(a, b)
lines=[[(H5[0][0],0),(H5[0][0],rv.pdf(H5[0][0]))],
      [(H5[0][1],0),(H5[0][1],rv.pdf(H5[0][1]))],
      [(H95[0][0],0),(H95[0][0],rv.pdf(H95[0][0]))],
      [(H95[0][1],0),(H95[0][1],rv.pdf(H95[0][1]))],
      [(H5[0][0],4),(H5[0][1],4)],
      [(H95[0][0],0.5),(H95[0][1],0.5)],
      [(0,0),(.5,0)]]
from matplotlib.collections import LineCollection
lc = LineCollection(lines, linewidths=(2,2,3,3,4,4,1),
        colors=("red","red","blue","blue","red","blue","black"))

rb = beta.rvs(2,27,size=10000)
fig, ax = plt.subplots(figsize=(20,5))
x=np.linspace(0,0.4,100)
ax.add_collection(lc)
ax.text(np.mean(H5[0])-.005,4.5,"50%",color="red")
ax.text(np.mean(H95[0]),1,"95%",color="blue")
ax.plot(x, rv.pdf(x), 'k-', lw=2, label='frozen pdf')
```

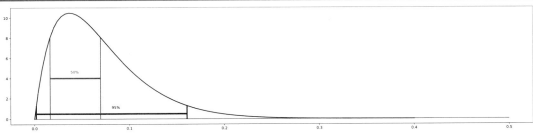

图 2.4.4　例 2.2 后验密度和 50%、95% 最高密度区域

利用自编函数 triplot 可以基于 Beta(2, 18) 先验分布及数据 (0 次感染, 9 次无感染) 画出先验密度、似然函数及后验密度图 (见图2.4.5).

```python
def triplot(prior=(2,18),data=(0,9),where='upper right'):
    a=prior[0]
    b=prior[1]
    s=data[0]
    f=data[1]
    p=np.linspace(.005,.995,500)
    prior=beta(a,b).pdf(p)
    like=beta(s+1,f+1).pdf(p)
    post=beta(a+s,b+f).pdf(p)
    fig, ax = plt.subplots(figsize=(20,5))
    ax.plot(p,post,"r:",label="Posterior")
    ax.plot(p,like,"b--",label="Likelihood")
    ax.plot(p,prior,"g-",label="Prior")
    ax.set_title("Bayes Triplot, beta("+ str(a)+","+ str(b)+ ") prior, s="+
        str(s)+", f="+ str(f))
    ax.legend(loc=where, shadow=True, fontsize='x-large')

triplot()
```

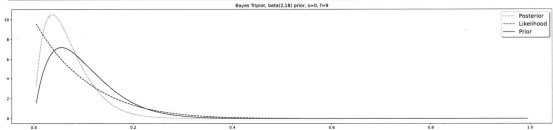

图 2.4.5 例 2.2 先验密度、似然函数及后验密度图

第 3 章 有监督学习基础

3.1 引 言

有监督学习的过程是利用数据建立模型,并通过模型用一些变量来预测目标变量. 根据 Yu and Kumbier (2020)[①], 数据科学模型应该满足三个原则: **可预测性** (predictability)、**可计算性** (computability)、**稳定性** (stability). 其中, 可预测性是达到有监督学习目标的条件, 可计算性及稳定性是有效预测的保证. 预测精度是衡量模型优劣的标准.

在有监督学习中, 目标变量称为**因变量**或**响应变量**等, 而用来预测因变量的变量称为**自变量**或**预测变量**、**协变量**等. 如果记因变量为 y, 自变量为 x, 那么有监督学习模型就是一个有参数的数学公式或者有某种结构的算法, 它使得因变量的预测值尽可能地和因变量的真实值接近, 记为:

$$\hat{y} = f(x, \widehat{\Theta}) \approx y, \tag{3.1.1}$$

这里的 $f()$ 代表可能的数学公式形式或者算法模型的结构, $\widehat{\Theta}$ 代表数学模型中的参数或者算法模型的各种超参数或选项 Θ 的估计值, 人们试图用这样的模型来近似预测真实世界的因变量.

通常做数据分析的步骤为:

1. 给定数据后, 选择若干适当的模型形式来尝试. 也就是式 (3.1.1) 中的形式 $f()$, 但 Θ 的值或形式必须由数据来训练.
2. 通过数据, 根据某些准则把模型具体化, 也就是学习出 Θ (记为 $\widehat{\Theta}$).
3. 通过交叉验证来比较各个模型的预测精度.
4. 利用交叉验证比较结果, 选择预测精度最好的模型来进行数据分析.

如果目标变量 y 是分类变量, 则相应的有监督学习模型称为**分类**模型; 如果目标变量 y 是数量变量, 则相应的有监督学习模型称为**回归**模型.

本章将通过下面的模型来介绍有监督学习的基本概念: 最小二乘线性回归、Logistic 回归模型分类及决策树回归与分类. 最小二乘线性回归是最古老的回归模型, Logistic 回归模型是经典的二分类模型, 而决策树则是一系列最优秀的机器学习有监督学习模型的基石. 理解了决策树的基本概念和原理之后, 基于决策树的各种高精度组合算法的原理会变得非常简单易懂.

3.2 简单回归模型初识

在这一节, 我们将通过下面的例子来介绍回归的一些初步知识.

[①] https://arxiv.org/pdf/1901.08152.pdf.

例 3.1 服装业生产率数据 (garmentsF.csv)[①][②] 该数据集包括服装生产过程的重要属性和员工的生产率, 这些属性为手工收集的并且已得到行业专家的验证. 制衣业是一个劳动密集型行业, 需要大量手工流程. 满足全球对服装产品的巨大需求主要取决于服装制造公司员工的生产和交付绩效. 因此, 服装行业的决策者需要跟踪、分析和预测工厂中工作团队的生产率表现. 该数据有 1197 个观测值及 15 个变量. 其中变量包括: date (日期, 年月日), quarter (一个月的某部分), depart (相应部门), day (星期几), team (团队号), aim_prod (管理方为每个团队设定的每天的目标生产率), smv (标准分钟值, 给任务分配的时间), wip (正在生产及未完成的产品), over_time (每个团队的加班时间, 单位: 分钟), incentive (财务激励措施), idle_time (因故中断生产的时间), idle_men (由于生产中断而闲置的工人人数), no_style (特定产品样式的更改次数), no_men (每个团队中的工人人数), act_prod (实际生产率). 该数据的目标变量是最后一个数量变量 act_prod. 数据文件 garmentsF.csv 是在填补缺失值、缩短一些变量名及更正一些输入错误后形成的.

3.2.1 回归数据例 3.1 的初等描述

首先要初步了解例 3.1 服装业生产率数据. 我们已经把 act_prod (实际生产率) 作为目标变量, 但还是如 1.3 节那样生成所有变量的成对图 (见图 3.2.1), 只要变量数目不太多, 生成这一类图就是某种习惯, 但并不一定给出所需的 R 信息. 事实上, 对于本例, 该图由于变量较多, 不容易看出细节.

图 3.2.1 例 3.1 服装业生产率数据中变量的成对图

生成图 3.2.1 的 R 代码为:

```
w=read.csv('garmentsF.csv',stringsAsFactors = TRUE)
w[,5]=factor(w[,5])
GGally::ggpairs(w[,-1])
```

因为图 3.2.1 太紧凑, 看不清楚, 我们重新生成 9 个数量自变量与因变量的散点图 (见图 3.2.2). 通常绘制散点图是为了看看变量之间是不是存在某种模式, 以帮助我们进一步探索. 但图 3.2.2 的指导意义并不明显. 图 3.2.2 是由下面 R 代码生成的.

[①] Imran, A. A., Rahim, S. and Ahmed, T. (2021). Mining the productivity data of garment industry. *International Journal of Business Intelligence and Data Mining*, Vol 1, 19 (3) 319-342. Imran, A. A., Amin, M. N., Rifat, R. I., and Mehreen, S. (2019). Deep neural network approach for predicting the productivity of garment employees, *2019 6th International Conference on Control, Decision and Information Technologies (CoDIT). IEEE*, 1402-1407. https://ieeexplore.ieee.org/document/8820486.

[②] https://archive.ics.uci.edu/ml/datasets/Productivity+Prediction+of+Garment+Employees 为数据网址.

```
mat=matrix(c(rep(1:4,rep(5,4)),rep(5:9,rep(4,5))),nrow=2,by=T)
layout(mat)
for (i in 6:14) {
  d=formula(paste('act_prod~',names(w)[i]))
  plot(d,w,main=paste('act_prod ~',names(w)[i]))}
```

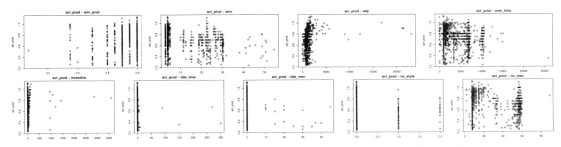

图 3.2.2　例 3.1 服装业生产率数据 9 个数量自变量与因变量的散点图

尽管图 3.2.1 中也展示了数量变量之间的相关系数, 但看不清楚, 下面另外再计算各个数量自变量与因变量 act_prod 的线性相关系数并画出相应的条形图 (见图 3.2.3). 这些相关系数中最大的才为 0.42, 因此这些变量之间的关系仅用线性关系来表示是不合适的.

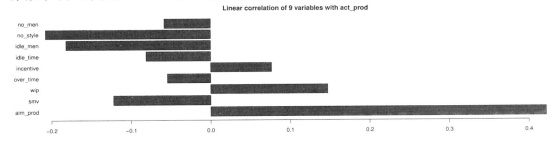

图 3.2.3　例 3.1 服装业生产率数据数量自变量与因变量 act_prod 的线性相关系数

生成图 3.2.3 的 R 代码为:

```
cor9=cor(w[,6:14],w[,15])
barplot(t(cor9),horiz = TRUE,las=1,col=4)
title('Linear correlation of 9 variables with act_prod')
```

我们再通过盒形图看看分类自变量和样本量之间的关系 (见图 3.2.4). 从图 3.2.4 中难以看出哪个变量对因变量影响大, 至少没有图 3.2.3 中的差别那么大. 当然, 这两幅图只能给出各个自变量与因变量关系的一些初级印象, 如果依赖这些简单图形来得出结论, 必定会产生误导. 只有在建立预测模型的过程中才能逐渐发现更本质的关系. 生成图 3.2.4 的 R 代码为:

```
par(mfrow=c(2,2))
for (i in 2:5){
  a=formula(paste('act_prod~',names(w)[i]))
  plot(a,w,main=paste('act_prod ~',names(w)[i]))}
```

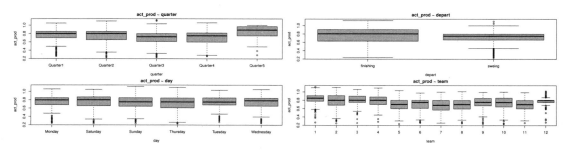

图 3.2.4　例 3.1 服装业生产率数据分类自变量与因变量 act_prod 的盒形图

3.2.2 简单回归模型拟合

一、简单回归模型拟合的一般度量

正如前面式 (3.1.1) 所示, 一个有监督学习模型可以表示成:

$$\hat{\boldsymbol{y}} = f(\boldsymbol{x}, \hat{\boldsymbol{\Theta}}) \approx \boldsymbol{y}, \tag{3.2.1}$$

如果通过训练数据得到了学习出来的模型结构或参数 $\hat{\boldsymbol{\Theta}}$, 就可以做预测, 回归是试图用自变量 (无论什么类型) 对数量因变量做预测. 在有监督学习中, 用一个模型 (无论什么形式) 来近似数据因变量和自变量的关系称为**拟合** (fit). 而用该模型对任何有类似变量数据的因变量做预测得到的值称为**预测值** (predicted value), 假定样本量为 n, 一般用 $\hat{\boldsymbol{y}} = (\hat{y}_1, \hat{y}_2, \ldots, \hat{y}_n)$ 来表示模型通过自变量观测值 $\boldsymbol{x} = (\boldsymbol{x}_1, \boldsymbol{x}_2, \ldots, \boldsymbol{x}_n)$ 对因变量的预测估计, 即

$$\hat{y}_i = f(\boldsymbol{x}_i, \hat{\boldsymbol{\Theta}}), \ i = 1, 2, \ldots, n.$$

得到的预测值 $\hat{\boldsymbol{y}} = (\hat{y}_1, \hat{y}_2, \ldots, \hat{y}_n)$ 和真实值 $\boldsymbol{y} = (y_1, y_2, \ldots, y_n)$ 有差距, 也就是误差. 误差如何度量呢? 下面是一些度量的定义:

1. 有模型的两个等价度量 (差一个除数):
    (1) **误差平方和** (sum of squared errors, SSE)

    $$\text{SSE} = \sum_{i=1}^{n}(y_i - \hat{y}_i)^2.$$

    (2) **均方误差** (mean squared error, MSE)

    $$\text{MSE} = \frac{1}{n}\text{SSE} = \frac{1}{n}\sum_{i=1}^{n}(y_i - \hat{y}_i)^2;$$

2. 没有模型的两个等价度量 (差一个除数):
    (1) **总平方和** (total sum of squares, TSS)

    $$\text{TSS} = \sum_{i=1}^{n}(y_i - \overline{y})^2;$$

    (2) **平均平方和** (mean sum of squares, MSS)

    $$\text{MSS} = \frac{1}{n}\text{TSS} = \frac{1}{n}\sum_{i=1}^{n}(y_i - \overline{y})^2.$$

MSS 实际上是因变量的样本方差, TSS 或 MSS 是描述数量变量数据散布程度或**纯度**

(purity) 的一个度量. 显然, 当 TSS 或 MSS 等于零时, 数据没有任何变化, 此时是纯度最高的, 但也是**最没有信息的**.

3. 人们往往用各种模型的 MSE 和 MSS 的比来说明模型的拟合程度, 这一种度量称为**标准化均方误差** (normalized mean squared error, NMSE):

$$\text{NMSE} = \frac{\text{MSE}}{\text{MSS}} = \frac{\text{SSE}}{\text{TSS}} = \frac{\sum_{i=1}^{n}(y_i - \hat{y}_i)^2}{\sum_{i=1}^{n}(y_i - \overline{y})^2}. \tag{3.2.2}$$

显然, 当没有模型 (即只用因变量均值) 时, NMSE = 1, 一般来说, 哪怕只有一点意义的模型, 也应该有 NMSE < 1, NMSE 的值越小, 说明模型的预测值和真实值越接近. 如果 NMSE > 1, 则说明有模型不如没有模型. 但衡量模型好坏的 NMSE 中的 $\{\hat{y}_i\}$ 必须不是训练集的预测值, 而是对没有参与建模的数据 (即测试集) 的预测值. 这涉及后面要介绍的交叉验证 (3.2.3 节).

4. 一个和 NMSE 等价的度量定义为:

$$R^2 = 1 - \text{NMSE} = 1 - \frac{\text{SSE}}{\text{TSS}} = 1 - \frac{\sum_{i=1}^{n}(y_i - \hat{y}_i)^2}{\sum_{i=1}^{n}(y_i - \overline{y})^2}.$$

显然 $-\infty < R^2 \leqslant 1$, 在一些机器学习软件中称为记分, 当 $R^2 < 0$ 时, 有模型比没有模型还糟糕, 相当于 NMSE > 1. 根据定义, 度量 R^2 本质上等价于 NMSE, 是对回归模型做交叉验证的重要度量.

二、传统线性回归的术语

在传统统计的线性回归教材中, 上述度量多是基于训练集自变量数据来计算的, 得到的预测值一般称为**拟合值** (也同样记为 $\hat{y}_i$). 这时

1. 单个数据点拟合的好坏通常用原训练集数据的因变量 ($\boldsymbol{y} = (y_1, y_2, \ldots, y_n)$) 与拟合值 (记为 $\hat{\boldsymbol{y}} = (\hat{y}_1, \hat{y}_2, \ldots, \hat{y}_n)$) 的差 (称为**残差** (residual)) 来度量, 记为 $e_i = y_i - \hat{y}_i$ ($i = 1, 2, \ldots, n$), 残差向量记为 $\boldsymbol{e} = (e_1, e_2, \ldots, e_n)$. **注意: 拟合好意味着模型对训练集很适合, 但不一定有普遍意义.** 对训练集拟合好但对其他数据集拟合不好的现象称为**过拟合** (overfitting), 反之称为**欠拟合** (underfitting).

2. 如果前面定义的误差平方和 (SSE) 由训练集得到, 也称为**残差平方和** (residual sum of squares, RSS).

3. 由拟合值得到的 R^2 在传统线性回归中称为**可决系数** (coefficient of determination). 该度量经常出现在传统回归分析的输出中, 当 R^2 接近 1 时, 被认为拟合得好, 但绝对不代表该模型有意义, 因为可能会过拟合.

三、对例 3.1 服装业生产率数据的拟合

由于例 3.1 服装业生产率数据中自变量较多, 下面把该数据简化成只有因变量 act_prod 和与其线性相关系数最大的自变量 aim_prod 的情况来做回归. 这样简化的数据只有 2 个变量, 这 2 个变量的散点图见图 3.2.2 的左上图. 一般以介绍线性回归为主的回归分析教材中例子的散点图都比较 "漂亮", 也就是看上去用一条直线就能大致描绘出走向的点阵. 我们的目的是介绍真实数据的回归, 没有必要去选择适合某类模型的数据.

读入例 3.1 数据的 R 代码为:

```
w=read.csv('garmentsF.csv',stringsAsFactors = TRUE)
w[,5]=factor(w[,5])
w2=w[,c(15,6)] #简单数据
```

对于上面读入的例 3.1 的只有两个变量 (一个自变量 aim_prod 及一个因变量 act_prod) 的简单数据 w2, 考虑三种情况:

1. **不用任何模型**, 仅仅用因变量的均值来代表任何预测值, 即 $\hat{y}_i \equiv \bar{y}, \forall i$. 我们称之为**零模型** (nought model). 计算得到 $\text{SSE} = \sum_{i=1}^n (y_i - \bar{y})^2 = 36.413$ 及 $\text{MSE} = \text{SSE}/n = 0.0304$, 代码为:

```
SSE=sum((w$act_prod-mean(w$act_prod))^2);MSE=SSE/nrow(w)
```

2. **简单线性回归**. 记 act_prod 为 y, aim_prod 为 x, 希望得到线性模型, 也就是说, 要确立的近似模型 $\boldsymbol{y} = f(\boldsymbol{x}, \boldsymbol{\Theta})$ 有下面的形式 ($\boldsymbol{\Theta} = (\beta_0, \beta_1)$):

$$y_i = \beta_0 + \beta_1 x_i, \ i = 1, 2, \ldots, n.$$

使用代码 (a=lm(act_prod~aim_prod,w2)) 得到系数 β_0 和 β_1 的如下估计值 $\hat{\beta}_0$ 和 $\hat{\beta}_1$:

```
Coefficients:
(Intercept)      aim_prod
     0.1868        0.7515
```

这意味着回归直线的估计为 $\hat{\beta}_0 = 0.1868$ 和 $\hat{\beta}_1 = 0.7515$, 于是估计的模型 $\hat{\boldsymbol{y}} = f(\boldsymbol{x}, \hat{\boldsymbol{\Theta}})$ 的具体形式为:

$$\hat{\boldsymbol{y}} = 0.1868 + 0.7515\,\boldsymbol{x}.$$

通过代码 SSE(a,w=w2) 易得到 $\text{SSE} = 29.941$ 及 $\text{MSE} = 0.025$, 这里利用了自己编写的简单函数 SSE:

```
SSE=function(a,D=1,w){
  sse=sum((w[,D]-predict(a,w))^2)
  return(list(sse=sse,mse=sse/nrow(w)))
}
```

3. **决策树回归**. 决策树的 $\hat{\boldsymbol{y}} = f(\boldsymbol{x}, \hat{\boldsymbol{\Theta}})$ 就不是数学公式了, 而是一棵倒长的树, 使用下面的代码可得到决策树 (见图 3.2.5), 注意, 它把数据分成了三个子集.

```
library(rpart.plot)
(b=rpart(act_prod~aim_prod,w2))
rpart.plot(b,digits = 4,extra=1)
```

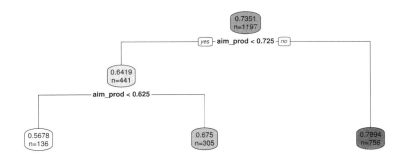

图 3.2.5　例 3.1 服装业生产率数据决策树回归图

图 3.2.5 中的决策树像一棵倒长的树, 图中每个方块称为一个**节点** (node), 代表一个数据集 (或数据子集), 显示了该数据集的因变量均值及该节点的数据百分比. 在每个节点下面有拆分该节点数据的条件 (自变量 aim_prod 的范围), 满足条件的 (比如 aim_prod<0.725) 则分到左边数据集, 否则分到右边数据集. 图中最上面的节点称为**根节点** (root), 最下面不再分叉的节点称为**叶节点** (leaf) 或**终节点** (terminal node), 图 3.2.5 中 3 个终节点处显示的数目是决策树 3 个子数据集因变量的均值. 从图 3.2.5 可以看出决策过程, 对于一个数据点 (x_i, y_i), 根据自变量 x_i 的条件可分到 (可能要分多次) 几个终节点之一, 而那个终节点数据中因变量的均值就是相应于该数据点的预测值 $\hat{y}_i$. 上面的代码还输出了下面关于图 3.2.5 决策树的细节, 和图中的决策树完全对应, 而且更加详细.

```
node), split, n, deviance, yval
      * denotes terminal node

1) root 1197 36.413450 0.7350911
  2) aim_prod< 0.725 441 14.330970 0.6419259
    4) aim_prod< 0.625 136  5.303504 0.5677791 *
    5) aim_prod>=0.625 305  7.946380 0.6749881 *
  3) aim_prod>=0.725 756 16.021840 0.7894375 *
```

对上面决策树的文字输出的简单说明如下 (请参见图 3.2.5 中相应的等价信息):
(1) 其中头两行为图例, 说明后面带有标号 (图例中称为 node)) 的各行的意义, 这里的标号是节点号码, 后面有标号的每一行都是一个节点的说明. 第二行说明终节点都标了星号 (*).
(2) 标有 1) 的节点是根节点.
　(a) 相应于图例 split(拆分) 的位置显示为 root, 说明它是根节点, 没有拆分条件;
　(b) 相应于图例 n 的位置显示为 1197, 说明该节点的样本量为 1197;
　(c) 相应于图例 deviance 的位置显示为 36.413450, 这是该节点因变量的 SSE, 度量该节点的不纯度;
　(d) 相应于图例 yval 的位置显示为 0.7350911, 这是该节点的因变量的均值.

(3) 标有 2) 的节点是第一次拆分后左边的节点.
   (a) 相应于图例 split(拆分) 的位置显示为 aim_prod<0.725, 说明该节点数据的自变量 aim_prod 都满足的条件;
   (b) 相应于图例 n 的位置显示为 441, 说明该节点的样本量;
   (c) 相应于图例 deviance 的位置显示为 14.330970, 这是该节点因变量的 SSE, 度量该节点的不纯度;
   (d) 相应于图例 yval 的位置显示为 0.6419259, 这是该节点的因变量的均值.
(4) 其他的节点类似, 标有 3), 4), 5) 的节点都有星号, 它们是终节点.

图 3.2.6 显示了例 3.1 服装业生产率数据的 3 种拟合尝试, 生成图 3.2.6 的 R 代码见 3.12.1 节.

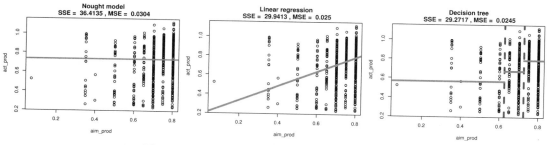

图 3.2.6　例 3.1 服装业生产率数据的 3 种拟合尝试

图 3.2.6 从左到右分别为: (1) 不用任何带有自变量的模型 (零模型), 用因变量的均值作为拟合值 ($\hat{y}_i \equiv \bar{y}, \forall i$), 也就是图中水平线的位置, 标题栏显示了 SSE = TSS = 36.4135, MSE = MSS = 0.0304; (2) 线性回归, 显示了拟合的直线 $y = 0.1868 + 0.7515\,x$, 标题栏显示了 SSE = 29.9413, MSE = 0.0250; (3) 决策树回归, 图中两条竖虚线把数据拆分为 3 部分, 在 3 个数据子集中, 3 条水平线段显示了作为预测值的 3 个数据集因变量的均值, 标题栏显示了 SSE = 29.2717, MSE = 0.0245. **注意: 这里输出的对例 3.1 服装业生产率数据简单拟合中的 MSE 或 SSE 都是模型通过训练集得到的, 只能作为判断拟合好坏的标准, 而不能作为判断预测精度的标准.**

问题与思考

由于后面要对线性回归和决策树做较详尽的介绍, 下面仅对涉及图 3.2.6 的简单拟合做一些说明:

1. 图 3.2.6 的左图为零模型, 没有用任何自变量信息, 仅仅用因变量数据的均值作为预测值. 这虽然是 "拍脑袋" 的方法, 但却是各种模型比较的标杆, 标准化均方误差 (NMSE) 就是以零模型作为基准来衡量其他模型的.

2. 图 3.2.6 中间的图为最小二乘线性回归模型, 就是用一条直线来拟合. 这是最简单的数学模型, 读者中学可能都学过. 线性回归的优缺点如下:
   (1) 线性模型对数据关系的线性假定是非常主观的, 对数据随意假定线性关系是有风险的, 因为世界上绝大部分关系都不能用线性关系近似.
   (2) 由于线性假定, 线性模型比较简单、容易计算, 在自变量完全是数据变量时比较方便. 如果自变量和因变量的确有大致的线性关系, 还是比较好用的.
   (3) 在自变量有很多分类变量或者某些分类变量水平很多时, 使用线性模型会很糟糕, 甚至无法训练出结果.

3. 图 3.2.6 的右图为用决策树做的拟合, 它把数据分成 3 部分 (根据 R 函数 rpart 的默认值), 每一部分用该部分因变量的均值来代表拟合值. 其特点是:
   (1) 决策树不对数据结构和关系做任何主观假定, 对于包括回归及分类的任何有监督学习都完全适用. 特别对于数学模型难以处理的有大量分类变量 (包括因变量和自变量) 的情况, 决策树及其组合算法 (后面会介绍) 是最优秀的工具.
   (2) 决策树不像前面几个拟合是一次成型的, 而是一步一步试探着形成的: 先找出一个自变量的分割点把数据分为两部分, 然后看一下这两个数据集是否需要再分割, 几步之后得到这个结果.
   (3) 显然, 如果不断分割下去, 可能会过拟合. 因此需要控制树的规模, 使其不过拟合或欠拟合, 这种控制可通过交叉验证来实现.
   (4) 不同于线性回归, 决策树无法写出数学公式, 但图形直观易懂, 容易解释 (见图 3.2.5).
   (5) 单独一棵决策树的拟合精度不一定很高, 但基于**自助法抽样** (bootstrap sampling) 生成大量决策树的组合算法是有监督学习中精度最高的一类.

3.2.3 验证和模型比较: 交叉验证

前面提到过, 用训练集拟合时得到的 MSE 或 R^2 等不足为据, 图 3.2.7 的拟合模型是按照例 3.1 自变量 aim_prod 从小到大的顺序把各个点对 (aim_prod,act_prod) 连接起来的许多线段 (生成图 3.2.7 的代码见 3.12.1 节). 对于这个模型, 残差全部为 0, 有 SSE = MSE = 0, 而 $R^2 = 1$. **这是一个拟合完美但又毫无意义的模型,** 显然是一个过拟合的模型. 目前识别过拟合的最客观的方法是交叉验证.

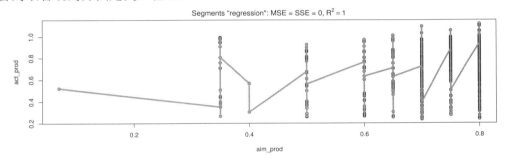

图 3.2.7 线段 "回归" 的完美拟合图

交叉验证 (cross validation) 是用训练集 (训练模型的数据) 之外的数据代入模型做预测以判断预测精度的过程. 建模时, 模型对训练集拟合好是一项标准, 这比较容易度量, 但对于训练集之外的数据是否能够拟合好, 则完全不能从训练集得到, 必须使用另外的数据集, 称为测试集. 选择测试集的方式非常多. 一种常用的交叉验证方法是 Z **折交叉验证** (Z-fold cross validation). 其特点是把数据集随机分成 Z 份, 然后逐次用其中一份作为测试集来验证其余 $Z-1$ 份数据 (合并在一起) 训练出来的模型, 得到该份数据每个观测值的预测值, 如此可以进行 Z 次, 使得每个观测值都有一个预测值, 然后根据这些预测值 (比如记为 $\{\hat{y}_i\}$) 得到诸如 NMSE 或 R^2 等关于预测精度的度量.

为了简便计算, 前面介绍的回归只有一个自变量, 其实更多自变量的回归在实施时没有太大区别, 本章后面将会对线性回归和决策树回归做更详尽的介绍. 目前, 为了说明交叉验证, 对例 3.1 服装业生产率数据使用一个自变量 (aim_prod) 和 (除了 date 之外的) 全部 13 个自变量对因变量 act_prod 做决策树及最小二乘线性回归, 图 3.2.8 展示了决策树及线性回归模型对两个回归的训练集及 10 折交叉验证的 NMSE 条形图. 具体数值列在表 3.2.1 中. 生成图 3.2.8 的代码见 3.12.1 节.

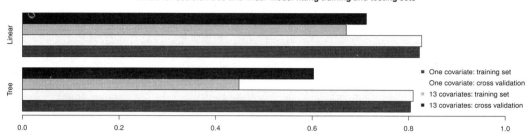

图 3.2.8 例 3.1 服装业生产率数据用决策树及最小二乘线性回归模型拟合训练集和交叉验证的 NMSE

表 3.2.1 决策树及最小二乘线性回归模型拟合训练集和交叉验证的 NMSE

模型	全部 13 个自变量		自变量 aim_prod	
	训练集	交叉验证	训练集	交叉验证
决策树	0.4484	0.6028	0.8039	0.8093
线性模型	0.6705	0.7122	0.8223	0.8268

仅就例 3.1 服装业生产率数据的回归来说, 从图 3.2.8 或表 3.2.1 可以得到下面的结论: (1) 决策树无论是拟合训练集还是做交叉验证拟合测试集, 得到的误差都小于线性回归模型. 需要注意的是: 决策树属于弱学习器 (week learner), 并不鼓励单独使用, 通常作为组合算法的基础学习器. 使用多个决策树的组合算法可大大提高预测精度 (参见第 4 章). (2) 对所有情况, 交叉验证的误差大于拟合训练集得到的误差, 因此交叉验证可揭示过拟合现象. (3) 增加自变量的数目可以显著减少误差, 在此例对于决策树尤其显著. 此例显示出了以下的普遍事实:

1. 对于数据及确定的目标, 选取模型的一个客观方法就是交叉验证.
2. 任何模型不可能对于所有类型的数据都是适用的, 不同的模型可能适用于不同的数据及目标.
3. 不能说某个模型是最优的, 因为人们不可能去尝试所有模型, 例如, 仅仅现有的回归模型就有上百个.

3.3 最小二乘线性回归模型

前面一节介绍了只有一个自变量的简单最小二乘线性回归. 下面介绍多个变量的一般线性回归模型. 和后面要介绍的机器学习方法不同, 线性回归模型有很多数学假定或选择, 主要包括: (1) 线性的模型形式; (2) 拟合的损失函数选择——二次损失函数意味着最小二乘回归; (3) 关于数据或误差分布的假定, 这是为了做各种显著性检验而设定的. 我们主要讨论作为最小二乘线性回归方法核心的 (1) (2) 两条, 而第 (3) 条对数据的各种数学假定完全是为数学方便而主观设定的, 其合理性根本无法验证, 但却是很多回归教材中大部分内容的基础, 并成为大量经典统计论文的源泉.

3.3.1 线性回归模型的数学假定

线性回归模型有很强的数学假定. 首先就是假定自变量和因变量之间的线性关系, 在前面一节中, 除了交叉验证时, 只使用例 3.1 服装业生产率数据的一个自变量 (aim_prod). 一般, 一个自变量的线性回归模型为 (假定样本量为 n) $y_i = \beta_0 + \beta_1 x_i$, $i = 1, 2, \ldots, n$. 如果样本量为 n, 有 k 个自变量, 那么自变量的矩形数据为 $n \times (k+1)$ 维, 其中第一列是为数学方便而增加的常数项, 这是最小二乘线性回归模型所特有的, 相当于单自变量回归中的 β_0, 但这种在自变量数据矩阵增加一列常数的做法在机器学习模型中完全不需要. 自变量数据形成的矩阵称为**设计矩阵** (design matrix), 设计矩阵的第一列在 R 的回归函数 lm 中是以默认值自动加入的, 但可以不要 (在表达式中加上 -1).

$$X = \begin{bmatrix} 1 & x_{11} & x_{12} & \ldots & x_{1k} \\ 1 & x_{21} & x_{22} & \ldots & x_{2k} \\ \vdots & \vdots & \vdots & & \vdots \\ 1 & x_{n1} & x_{n2} & \ldots & x_{nk} \end{bmatrix}.$$

记因变量数据向量为 $\boldsymbol{y} = (y_1, y_2, \ldots, y_n)^\top$, 人们建立线性回归模型的基本思路如下. 寻找系数 (向量) $\boldsymbol{\beta} = (\beta_0, \beta_1, \ldots, \beta_k)$, 使因变量尽可能被自变量的线性组合近似:

$$y_i \approx \beta_0 + \beta_1 x_{i1} + \beta_2 x_{i2} + \cdots + \beta_k x_{ik}, \quad i = 1, 2, \ldots, n, \tag{3.3.1}$$

或等价的矩阵形式:

$$\boldsymbol{y} \approx \boldsymbol{X}\boldsymbol{\beta}. \tag{3.3.2}$$

式 (3.3.1) 或式 (3.3.2) 包含了一个很强的关于模型的假定, 即因变量是**自变量的线性组合**, 大部分人并非真的相信线性组合 $\boldsymbol{X\beta}$ 可以近似 $\boldsymbol{y}$, 而是具有更复杂的非线性关系. 由于处理非线性问题会带来前计算机时代难以解决的数学困难, 因此线性回归模型就成了回归领域的长期统治者. **有了模型形式, 接下来要做的是: 利用数据, 按照某种规则训练出模型, 对于线性回归模型式 (3.3.1) 来说, 就是估计系数** $\boldsymbol{\beta} = (\beta_0, \beta_1, \ldots, \beta_k)$.

3.3.2 训练模型的标准: 平方损失: 最小二乘法

我们总是希望模型能够尽可能多地解释数据, 而解释不了的部分尽可能地少. 前面说过, 残差 $e_i = y_i - \hat{y}_i$ $(i = 1, 2, \ldots, n)$ 可用来描述拟合的好坏. 一个点的残差不足以描述所有点的拟合状况, 必须求和 (或者取平均). 简单求和会使得正负项抵消, 因此人们想到用平方损失的和

$$\|\boldsymbol{e}\|^2 = \sum_{i=1}^n e_i^2 = \sum_{i=1}^n (y_i - \hat{y}_i)^2 = \|\boldsymbol{y} - \hat{\boldsymbol{y}}\|^2 \tag{3.3.3}$$

或绝对值损失的和

$$\|\boldsymbol{e}\| = \sum_{i=1}^n |e_i| = \sum_{i=1}^n |y_i - \hat{y}_i| = \|\boldsymbol{y} - \hat{\boldsymbol{y}}\| \tag{3.3.4}$$

来描述总体拟合的好坏. 使得式 (3.3.3) 最小的系数估计称为**最小二乘估计** (" 平方 " 在中国古书中称为 " 二乘 "), 而使得式 (3.3.4) 最小的系数估计称为**最小一乘估计**. 由于绝对值在微积分中有导数不连续等不方便之处, 人们自然选择平方损失. 这也开启了 100 多年的最小二

乘线性回归的历程.

如果用式 (3.3.1) 或式 (3.3.2) 的右边 $X\beta$ (β 待定) 的形式来近似 y, 则确定式 (3.3.2) 中线性组合系数 β 的最小二乘估计是使下式

$$\|y - X\beta\|^2 = (y - X\beta)^\top(y - X\beta) = \sum_{i=1}^{n}[y_i - (\beta_0 + \beta_1 x_{i1} + \cdots + \beta_k x_{ik})]^2 \quad (3.3.5)$$

最小的系数 $\beta = (\beta_0, \beta_1, \ldots, \beta_k)$. 记 β 的估计为 $\hat{\beta} = (\hat{\beta}_0, \hat{\beta}_1, \ldots, \hat{\beta}_k)$, 再记由这个估计的系数计算出来的因变量的近似值 (称为拟合值) 为:

$$\hat{y}_i = \hat{\beta}_0 + \hat{\beta}_1 x_{i1} + \cdots + \hat{\beta}_k x_{ik}, \ i = 1, 2, \ldots, n, \quad \text{或} \quad \hat{y} = X\hat{\beta},$$

则系数的最小二乘估计的另一种写法为:

$$\hat{\beta} = \arg\min_{\hat{\beta}}\left[\sum_{i=1}^{n}(y_i - \hat{y}_i)^2\right] = \arg\min_{\hat{\beta}}\left\{\sum_{i=1}^{n}\left[y_i - (\hat{\beta}_0 + \hat{\beta}_1 x_{i1} + \cdots + \hat{\beta}_k x_{ik})\right]^2\right\}.$$

根据初等微积分, 使得式 (3.3.5) 最小的 β 为下面偏导数等于 $\mathbf{0}$ 的方程解[①]:

$$\frac{\partial[(y - X\beta)^\top(y - X\beta)]}{\partial\beta} = \frac{\partial[y^\top y - 2y^\top X\beta + \beta^\top X^\top X\beta]}{\partial\beta} \\
= -2X^\top y + 2X^\top X\beta = \mathbf{0}, \quad (3.3.6)$$

方程 $-2X^\top y + 2X^\top X\beta = \mathbf{0}$ 或 $X^\top X\beta = X^\top y$ 称为**正规方程** (normal equation), 解正规方程得到

$$\hat{\beta} = (X^\top X)^{-1}X^\top y. \quad (3.3.7)$$

则有

$$\hat{y} = X\hat{\beta} = X(X^\top X)^{-1}X^\top y. \quad (3.3.8)$$

记 $H = X(X^\top X)^{-1}X^\top$, 由于矩阵 H 作用于 y 产生 $\hat{y}$ ($Hy = \hat{y}$), 也就是说投影矩阵 H 给 y 戴 "帽子", 因此 H 也称为帽子矩阵 (hat matrix).[②] 帽子矩阵把 y 投影到 X (所张成的) 空间上, 而 $I - H$ 把 y 投影到和 X (所张成的) 空间正交的空间上, 得到残差 e:

$$e = (I - H)y = y - X(X^\top X)^{-1}X^\top y = y - \hat{y}. \quad (3.3.9)$$

显然残差 e 和 X 空间正交, 当然也和 X 空间中的 $\hat{y}$ 正交. 残差平方和为 $e^\top e$.

图 3.3.1 为最小二乘法的投影示意图, 图中的因变量向量 y 到 X 所张成的空间的投影为向量 $\hat{y} = Hy$, 而这两个向量的差为 $e = y - \hat{y} = (I - H)y$.

估计参数的式 (3.3.7) 很容易记, 但不易手算, 当然用 R 软件中的 lm 函数可以直接得到, 即使完全按照式 (3.3.7), 通过计算机代码得到这些估计值也非常方便.

[①]二次型 $\beta^\top A\beta$ 关于向量 β 的导数为:

$$\frac{\partial A\beta}{\partial\beta} = 2\beta^\top A \quad \text{或} \quad 2A\beta.$$

在正文中, $X^\top X$ 处在上式 A 的位置.

[②]帽子矩阵也称为预测矩阵 (prediction matrix).

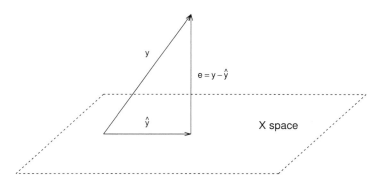

图 3.3.1　y 到 X 所张成的空间的投影示意图

3.3.3 分类自变量在线性回归中的特殊地位

在前面例 3.1 服装业生产率数据使用一个自变量 aim_prod 的回归中, β_1 是连续型自变量 x 的斜率, 我们也可以根据估计出来的截距 $\hat\beta_0$ 和斜率 $\hat\beta_1$ 画出一条拟合直线. 但是在实际问题中, 自变量经常会有诸如性别、地区等分类变量.

下面考虑一个例子, 该例子仅为了说明分类变量在回归中扮演的角色而引入.

例 3.2 美国犯罪数据 (USArrests1.csv) 该数据集包含的统计数据是 1973 年美国 50 个州的每 10 万居民中因袭击、谋杀和强奸而被捕的人数, 还给出了居住在城市地区的人口百分比. 变量包括 Murder (因谋杀而逮捕的人数 (每 10 万人)), Assault (因袭击而逮捕的人数 (每 10 万人)), UrbanPop (城市人口百分比), Rape (因强奸而逮捕的人数 (每 10 万人)), Region (属于美国哪个区域 (4 个区域之一: South, West, NE, MW)), State (州名). 这个数据是 R 自带的数据, 这里把行名作为变量 State, 又为了说明定性变量在设计矩阵中的状况而增加了变量 Region (从 State 转换而来).

例 3.2 美国犯罪数据有两个分类变量——State 和 Region, State 是每行都不同的, 而 Region 则是有 4 个水平的定性变量. 我们用三个变量 (读入原数据中的第 3、4、6 个变量) 来说明 (Assault, UrbanPop, Region). 先输入数据, 看其构造:

```
w=read.csv("USArrests1.csv",stringsAsFactors = TRUE)[,c(3,4,6)]
```

可输出该数据的最后几行:

```
> tail(w)
   Assault UrbanPop Region
45      48       32     NE
46     156       63  South
47     145       73   West
48      81       39  South
49      53       66     MW
50     161       60   West
```

这说明头两个变量是数量变量, 而最后一个是用字符串表达的分类变量. 设计矩阵 X

必须是数量的, 否则无法计算 $X(X^\top X)^{-1}X^\top y$, 那么该分类变量如何进入前面所说的数量设计矩阵 X 呢? 那就是必须把该变量变成若干数量变量. 下面的简单程序完成了这个过程:

```
library(fastDummies)
wd=dummy_columns(w)
```

输出该数据的最后 6 行:

```
> tail(wd)
   Assault UrbanPop Region RegionMW RegionNE RegionSouth RegionWest
45      48       32     NE        0        1           0          0
46     156       63  South        0        0           1          0
47     145       73   West        0        0           0          1
48      81       39  South        0        0           1          0
49      53       66     MW        1        0           0          0
50     161       60   West        0        0           0          1
```

上面的输出显示了 4 个新变量: RegionMW, RegionNE, RegionSouth, RegionWest. 它们是由 0 和 1 组成的, 对应于变量 Region 的 4 个水平, 称为哑元变量, 如果一个观测值 (行) 为某个水平, 则对应于该水平的哑元变量为 1, 否则为 0. 因此这些哑元变量 (向量) 相加等于一个由 1 组成的向量 (可用代码 apply(data.frame(wd[,4:7]),1,sum) 验证). **这些哑元变量就代替原来的字符串变量 (这里是 Region) 和其他数量变量形成了全部数值的设计矩阵.**

由于上面新增的哑元变量相加等于分量全是 1 的向量, 如果原来的设计矩阵 X 还有一列常数值, 则和这些哑元变量共线, 这时会造成数学运算上的困难, 比如矩阵 $X^\top X$ 奇异, 不可能有逆矩阵 $(X^\top X)^{-1}$. 这时可以不要常数项, 或者舍弃一个哑元变量. 当然, 这在 R 函数中是自动完成的, 不用我们自己去进行上述哑元化 (在 Python 中, 多数情况下必须自己完成哑元化). 在 R 的回归函数 lm 中, 默认的办法是舍弃第一个哑元变量而保留截距项 (即设计矩阵常数列), 也可以人工选择不要截距项而保留第一个分类变量的第一个哑元变量 (但其他作为自变量的分类变量的第一个哑元变量也要删除), 两种结果是等价的. 下面看只有因变量 Assault 和自变量 Region 的回归, 第一行代码为不要截距项, 第二行代码为保留截距项 (自动舍弃一个哑元变量).

```
> (cd=lm(Assault~Region-1,w)$coef) #不要截距项
   RegionMW    RegionNE RegionSouth  RegionWest
   120.3333    126.6667    220.0000    187.2308
> (cc=lm(Assault~Region,w)$coef) #保留默认截距项, 自动删除哑元变量
 (Intercept)    RegionNE RegionSouth  RegionWest
  120.333333    6.333333   99.666667   66.897436
```

如何解释输出呢? 由于我们的自变量都是 0-1 哑元变量, 所以上面的系数不会产生斜率, 只产生截距. 因此上面对于变量 Region 的 4 个水平产生了 4 个截距 (见图 3.3.2). 第二行

代码的输出没有哑元变量 RegionMW, 该变量由于被自动舍弃, 自动赋予数值 0, 实际上计算机内部得到的是 5 项:

```
(Intercept)      RegionMW    RegionNE RegionSouth  RegionWest
 120.333333             0    6.333333   99.666667   66.897436
```

后面 4 个数字中的每一个加上前面的截距 120.333333, 就得到了 "不要截距项" 时第一行代码的输出 (第一个变量是无名的, 等于截距), 因此这两种方式是等价的, 得到 4 个平行的截距.

```
> cc[1]+c(0,cc[-1])
             RegionNE RegionSouth   RegionWest
   120.3333    126.6667    220.0000    187.2308
```

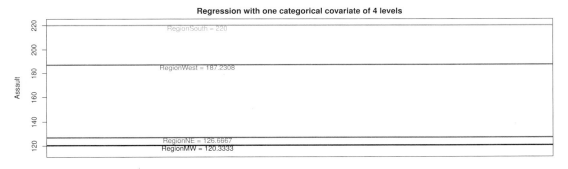

图 3.3.2　例 3.2 美国犯罪数据中因变量 Assault 与一个分类自变量 Region 的回归

再增加数量自变量 UrbanPop, 则得到一个斜率与对应于 4 个 Region 水平的 4 个截距:

```
> (cf=lm(Assault~UrbanPop+Region-1,w)$coef)
    UrbanPop    RegionMW    RegionNE RegionSouth   RegionWest
    2.235849  -23.692608  -31.084904   87.106723    29.345430
```

上面的输出意味着拟合形成 4 条截距不同的平行直线 (见图 3.3.3).

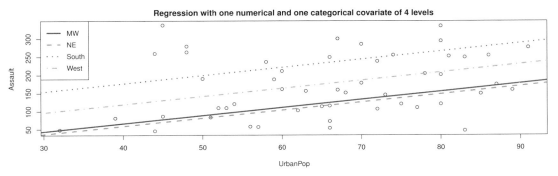

图 3.3.3　例 3.2 美国犯罪数据中因变量 Assault 与一个分类自变量和一个数量自变量的回归

这些拟合直线的公式为:

$$\widehat{\text{Assault}} = \begin{cases} -23.692608 + 2.235849\,\text{UrbanPop}, & \text{Region = MW;} \\ -31.084904 + 2.235849\,\text{UrbanPop}, & \text{Region = NE;} \\ 87.106723 + 2.235849\,\text{UrbanPop}, & \text{Region = South;} \\ 29.345430 + 2.235849\,\text{UrbanPop}, & \text{Region = West.} \end{cases}$$

对于带有分类自变量的回归应注意如下几点:
1. 分类变量得到的是和水平数目相同的截距, 没有任何斜率意义.
2. 按照线性模型的术语, 和分类变量有关的所有截距都是**不可估计的** (inestimable), 因为它们和截距有无法分辨的混杂, 但是, 诸如对应于一个分类变量各水平的两两截距差 (或者, 更一般地, 称为**对比** (contrasts) 的线性组合) 则是可估计的.
3. 在进行线性回归时, 如果有很多分类变量, 则每个分类变量都必须做哑元化并舍弃一个哑元变量, 但截距只有一个, 即使不要截距也只能保留一个分类变量的全部哑元变量. 显然, 这意味着信息的损失, 但如果不舍弃, 则正规方程无解.
4. 对于诸如决策树那样的机器学习方法就完全不必舍弃任何哑元变量.

3.3.4 连续型变量和分类变量的交互作用

在线性回归中, 总能把变量相乘而形成新变量加入线性回归模型, 这里使用例 3.2 美国犯罪数据对分类变量和离散型变量的相乘做一演示. 下面的代码中, UrbanPop*Region 和 UrbanPop+Region+UrbanPop:Region 等价. 其中符号 ":" 表示两个变量相乘, 而用符号 "*" 连接两个变量时, 则线性模型中既保留单独变量, 也包括乘积. 下面是代码及输出.

```
> (cm=lm(Assault~UrbanPop*Region-1,w)$coef)
         UrbanPop              RegionMW              RegionNE           RegionSouth
         4.525787           -171.202772            -60.189770            139.813299
      RegionWest    UrbanPop:RegionNE  UrbanPop:RegionSouth   UrbanPop:RegionWest
       113.572889             -1.877428             -3.176694             -3.482701
```

上面的输出意味着拟合后的公式为 4 条截距和斜率均依分类变量水平而不同的直线 (虽然作为截距的 RegionMW 没有被舍弃, 但 UrbanPop:RegionMW 没有出现, 它是包含哑元的第一个交互斜率, 现在默认为 0), 图 3.3.4 对应了该拟合结果.

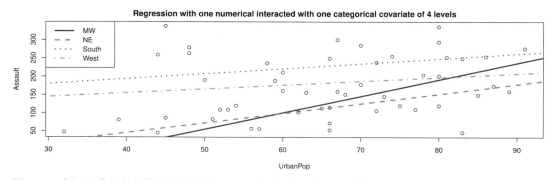

图 3.3.4 例 3.2 美国犯罪数据中因变量 Assault 与含交互作用的一个分类自变量和一个数量自变量的回归

相应的拟合公式为:

$$\widehat{\text{Assault}} = \begin{cases} -171.202772 + (4.525787 + 0)\,\text{UrbanPop}, & \text{Region = MW}; \\ -60.189770 + (4.525787 - 1.877428)\,\text{UrbanPop}, & \text{Region = NE}; \\ 139.813299 + (4.525787 - 3.176694)\,\text{UrbanPop}, & \text{Region = South}; \\ 113.572889 + (4.525787 - 3.482701)\,\text{UrbanPop}, & \text{Region = West}. \end{cases}$$

3.3.5 对例 3.1 服装业生产率数据做最小二乘线性回归

对于例 3.1 服装业生产率数据, 以 act_prod 为因变量, 并以除了第一个变量 (date) 之外的所有变量作为自变量进行回归, 很容易用软件得到估计值和预测, 下面是得到所有系数估计值的 R 代码.

```
w=read.csv('garmentsF.csv',stringsAsFactors = TRUE)
w[,5]=factor(w[,5])
garm_lm=lm(act_prod~.,w[,-1])
round(garm_lm$coef,5)
```

输出的回归系数包括很多产生于分类变量的截距 (从名字可以看出哪些是哑元变量) 和产生于数量变量的斜率:

```
   (Intercept) quarterQuarter2 quarterQuarter3 quarterQuarter4 quarterQuarter5
       0.27396         0.00717        -0.00940        -0.00819         0.09153
    departsweing     daySaturday       daySunday     dayThursday     dayTuesday
      -0.07283         0.02266         0.00954         0.00421         0.02887
   dayWednesday           team2           team3           team4           team5
       0.01411        -0.04171        -0.00643        -0.02373        -0.05530
          team6           team7           team8           team9          team10
      -0.08838        -0.09917        -0.09088        -0.08875        -0.08887
         team11          team12        aim_prod             smv             wip
      -0.13108        -0.03462         0.66643        -0.00698         0.00001
      over_time       incentive        idle_time        idle_men        no_style
       0.00000         0.00004         0.00038        -0.00796        -0.03742
         no_men
       0.00528
```

实际上, 每个参数值都是最小二乘线性回归模型的一个组成部分, 和其他参数一起为模型预测做出贡献. 后面要阐明, 它们只有对预测的共同贡献, 单独讨论一个参数的大小或做任何显著性推断没有任何意义. 我们只关注整个模型的预测精度, 并通过交叉验证和与其他模型比较来决定该模型的可用性.

> **问题与思考**
>
> 最小二乘线性回归的全部内容已经介绍完了. 我们可以基于数据建立线性回归模型并进行预测. 最小二乘线性回归仅仅是上百种有监督学习模型中的一种 (其预测精度也并不突出), 这里首先介绍它是因为其历史地位, 它曾经在一百年的时间里是唯一的回归方法. 但是, 为什么传统回归课程花一学期讲最小二乘线性回归呢?
> 除了模型的线性假定 ($\boldsymbol{y} = \boldsymbol{X}\boldsymbol{\beta}$) 之外, 传统统计学家还增加了可加误差项 ε 是独立同分布的, 有零均值 ($E(\varepsilon) = \boldsymbol{0}$), 而且有大样本; 如果不假定大样本, 或者会对 ε 做更多的假定, 比如 $\varepsilon \sim N(\boldsymbol{0}, \sigma^2 \boldsymbol{I})$ 正

态分布 (式中的 I 是单位矩阵), 在这种情况下, 线性回归模型成为 (X 看作是固定的, 而 β 为未知固定参数):

$$y = X\beta + \varepsilon.$$

这意味着下面的结论:
1. 必须相信这个线性模型是完全正确的, 如果不准确, 也是完全随机性造成的.
2. 因变量也是具有正态分布的随机向量: $y = X\beta \sim N(X\beta, \sigma^2 I)$.
3. 系数的估计 $\hat{\beta} = (X^\top X)^{-1} X^\top y$ 也是随机变量.

这些假定和结论导致了一系列对系数及其他有关参数估计量的各种毫无意义的显著性检验. 3.3.6 节将揭示线性回归被不合适地过分扩展及任意解释. 在一般的回归拟合后, 软件会给出关于系数 (甚至还包括不可估计的截距) 的 t 检验和 F 检验, 而且主观标出这些检验是否显著. 由于系数本身没有解释意义, 这些显著性检验也毫无必要.

3.3.6 "皇帝的新衣": 线性回归的 "可解释性" 仅仅是个一厢情愿的信仰

有很多回归教材声称:

线性回归的某系数值是在其他变量不变时, 相应变量增加一个单位对因变量的贡献.
(3.3.10)

这完全是在各个变量相互独立的主观假定之下得出的结论, 但实行多自变量回归本身就意味着这些自变量并不独立, 说法 (3.3.10) 是完全站不住脚的. 此外, 这里所说的系数不包含分类变量哑元化得到的截距 (一般教材都对此含糊不清).

实际上, 在多个自变量的情况下, 那些单独系数的估计值 $\{\hat{\beta}_i\}$ 的大小完全没有可解释的意义, 下面用例 3.1 服装业生产率数据来说明这一点. 由于例 3.1 有很多分类变量, 我们不用这些分类变量, 而只选用数量变量, 目的是在多自变量回归及单自变量回归下对线性回归系数的估计值做对比. 这里我们对每个自变量都做没有截距的单自变量回归, 同时也对所有自变量做没有截距的多自变量回归 (正式术语为**多重回归** (multiple regression)[①]), 然后比较相同变量在这两种回归中的系数. 结果展示在图 3.3.5 中 (生成图 3.3.5 的代码见 3.12.2 节).

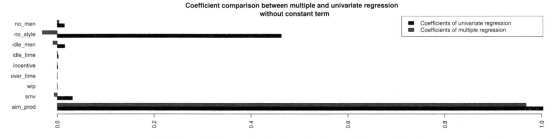

图 3.3.5 例 3.1 服装业生产率数据的线性回归系数在多自变量及单自变量回归时的对比

图 3.3.5 显示, 这两种回归的系数无论是大小还是符号都差别甚大, 除了变量 aim_prod 之外, 其他 4 个比较突出的变量系数中有 3 个多重回归的系数都和单独回归的系数符号相反, 特别是单独回归系数第 2 大的变量 no_style, 在多重回归中是负值最大的. 后面将会表明: 例 3.1 服装业生产率数据回归中涉及预测精度最重要的变量是线性回归中毫不起眼的

[①] 术语**多元回归** 译自 multivariate regression 或更俗一些的 multivariable regression, 它代表多个因变量的回归, 但这个词往往也误用于多自变量回归.

incentive 和 wip. 显然, 前面引用的说法 (3.3.10) 是严重的误导. 由于多重共线性回归的单独系数没有任何可解释性, 通常回归教材花费大量篇幅对这些系数做各种推断没有任何意义. 实际上, 仅当各个自变量观测值的列向量正交时, 这两种没有截距的系数才应该相等.

对于没有意义的系数做任何过分的推断不仅没有意义, 而且阻碍了人们在更有意义的数据科学领域的探索. 在教材中对此过多关注是误人子弟.

3.4 决策树回归

3.4.1 决策树的基本构造

多自变量决策树回归的一般情况和单自变量回归情况完全类似. 下面对例 3.1 服装业生产率数据做决策树回归, 画出决策树图 (见图 3.4.1), 并对决策树的各种做法的动机及原理作出解释.

```
library(rpart.plot)
w=read.csv('garmentsF.csv',stringsAsFactors = TRUE)[,-1]
w[,4]=factor(w[,4])
a=rpart(act_prod~.,w)
rpart.plot(a,digits=4,extra = 1)
```

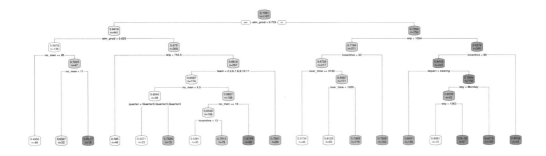

图 3.4.1 例 3.1 服装业生产率数据回归的决策树图

该决策树图 3.4.1 和下面输出的决策树 (用代码 a 生成) 的打印版等价, 但打印版给出了图 3.4.1 没有标明的一些细节, 注意所有节点的号码的排序规律为: 根节点为第 1 号, 第 n 号节点的两个子节点号码分别为 $2n$ (左下节点) 及 $2n+1$ (右下节点). 并不是每个节点都有相同数量的后续节点, 因此节点号码有 "轮空", 并且不必 "连续".

```
n= 1197

node), split, n, deviance, yval
      * denotes terminal node

 1) root 1197 36.4134500 0.7350911
   2) aim_prod< 0.725 441 14.3309700 0.6419259
     4) aim_prod< 0.625 136  5.3035040 0.5677791
       8) no_men>=26 89  1.3273210 0.4955559 *
```

```
         9) no_men< 26 47   2.6328460 0.7045423
          18) no_men< 11 32   1.9152640 0.6327477 *
          19) no_men>=11 15   0.2007614 0.8577041 *
      5) aim_prod>=0.625 305   7.9463800 0.6749881
        10) wip< 743.5 48   0.9610003 0.5849975 *
        11) wip>=743.5 257   6.5240610 0.6917956
          22) team=2,3,6,7,8,9,10,11 174   4.5760610 0.6596837
            44) no_men< 9.5 48   1.9031070 0.6044592
              88) quarter=Quarter2,Quarter3,Quarter4 33   0.8962831 0.5371210 *
              89) quarter=Quarter1,Quarter5 15   0.5279875 0.7526033 *
            45) no_men>=9.5 126   2.4708000 0.6807216
              90) no_men>=19 106   1.5507320 0.6544667
                180) incentive< 11.5 30   0.8226292 0.5361485 *
                181) incentive>=11.5 76   0.1423462 0.7011713 *
              91) no_men< 19 20   0.4597416 0.8198724 *
          23) team=1,4,5,12 83   1.3924320 0.7591146 *
    3) aim_prod>=0.725 756 16.0218400 0.7894375
      6) wip< 1003.5 371   7.2650400 0.7184041
        12) incentive< 33 217   5.6890470 0.6729097
          24) over_time>=3120 46   1.1818430 0.5733513 *
          25) over_time< 3120 171   3.9286050 0.6996915
            50) over_time< 1020 53   1.2404720 0.6124607 *
            51) over_time>=1020 118   2.1037080 0.7388714 *
        13) incentive>=33 154   0.4939868 0.7825099 *
      7) wip>=1003.5 385   5.0809330 0.8578878
        14) incentive< 89 343   4.3264100 0.8442503
          28) depart=sweing 193   0.8953337 0.8099082 *
          29) depart=finishing 150   2.9105840 0.8884371
            58) day=Monday 42   1.6624130 0.8033025
              116) wip< 1562.799 15   0.6230860 0.6080721 *
              117) wip>=1562.799 27   0.1499787 0.9117638 *
            59) day=Saturday,Sunday,Thursday,Tuesday,Wednesday 108   0.8253769 0.9215450 *
        15) incentive>=89 42   0.1697675 0.9692606 *
```

虽然前面 3.2.2 节对决策树做了简单解释, 但有很多潜在的问题没有说明. 有些问题虽然在 3.2.2 节已经说明, 但可能不够详尽. 以图 3.4.1 为例, 人们自然会聚焦于节点与拆分变量的选择. 拆分变量分割数据的根据有如下要点:

1. 决策树图中每个节点 (矩形框) 代表了一个数据集或数据子集. 根节点代表全部数据集, 如图 3.4.1 的根节点有全部数据 (n=1197). 其因变量误差平方和 = 36.413 (文字输出中称为 deviance, 图中未显示), $\hat{y} = 0.735$ 为该数据集因变量的均值 (文字输出中为 yval (y-value), 图中显示了).

2. 在每个节点都有一个拆分变量及相应的拆分条件 (属性), 比如, 对于数量变量和分类变量的两种情况:

   (1) 根节点的拆分变量为 **aim_prod**, 拆分属性为 `aim_prod<0.725` (满足该条件的数据到左下方 2) 号节点形成数据子集) 或 `aim_prod>=0.725` (满足该条件的数据到右下方 3) 号节点形成数据子集).

   (2) 第 11 号节点 (11)) 的拆分变量为 **team**, 属性为 `team=2,3,6,7,8,9,10,11` (满足该条件的数据到左下方 22) 号节点形成数据子集) 或 `team=1,4,5,12` (满足

该条件的数据到右下方 23) 号节点形成数据子集).

如此选择的准则是: 对于每个数据集 (节点), 每个变量都有很多拆分数据的属性 (分割点或分割方式), 其中使得数据变得最纯 (减少不纯度最快) 的拆分属性为首选拆分属性; 所有变量的首选拆分属性相互进行比较, 具有最优的拆分属性的变量就成为首选拆分变量. 如何度量 "纯" 或 "不纯" 呢? 前面提到过, 在一个节点数据子集, 因变量的样本方差或误差平方和就可以作为 "不纯度" 的度量, 这两个度量在竞争拆分变量和选择拆分属性上是等价的.

3.4.2 竞争拆分变量的度量: 数量变量的不纯度

对于一个数据集, 基于某个数量变量 (这里是因变量) 的**不纯度**实际上可以用样本方差 $s^2 = \frac{1}{n}\sum_{i=1}^n (x_i - \overline{x})^2$ 来描述. 样本方差越大的集合就越 "不纯". 还可以定义某属性 A 拆分数据集时的纯度增益:

定义 3.1

1. 考虑在一个样本量为 n 的数据集 D 中的某数量变量 $\boldsymbol{y} = (y_1, y_2, \ldots, y_n)$, 不纯度实际上就可以定义为样本方差
$$I(D) \equiv s^2 = \frac{1}{n}\sum_{i=1}^n (y_i - \overline{y})^2.$$

2. 如果样本量为 n 的数据集 D 由于某属性 A (例如满足某条件与否 2 种情况) 被拆分成两个子集 D_1 和 D_2, 分别有样本量 n_1 及 n_2, 那么不纯度定义为:
$$I_A(D) = \frac{n_1}{n}I(D_1) + \frac{n_2}{n}I(D_2) = \frac{n_1}{n}\frac{1}{n_1}\sum_{y_i \in D_1}(y_i - \overline{y}_1)^2 + \frac{n_2}{n}\frac{1}{n_2}\sum_{y_i \in D_2}(y_i - \overline{y}_2)^2$$
$$= \frac{1}{n}\left[\sum_{y_i \in D_1}(y_i - \overline{y}_1)^2 + \sum_{y_i \in D_2}(y_i - \overline{y}_2)^2\right],$$
式中, $\overline{y}_j = \frac{1}{n_j}\sum_{y_i \in D_j} y_i$ $(j = 1, 2)$.

3. 基于上面两种定义, **纯度增益**定义为属性 A 拆分 D 为两个子集 D_1 及 D_2 所得到的不纯度的减少:
$$\Delta I(A) = I(D) - I_A(D) = \frac{1}{n}\sum_{i=1}^n (y_i - \overline{y})^2 - \frac{1}{n}\left[\sum_{y_i \in D_1}(y_i - \overline{y}_1)^2 + \sum_{y_i \in D_2}(y_i - \overline{y}_2)^2\right]$$
$$= \frac{1}{n}\left\{\sum_{i=1}^n (y_i - \overline{y})^2 - \left[\sum_{y_i \in D_1}(y_i - \overline{y}_1)^2 + \sum_{y_i \in D_2}(y_i - \overline{y}_2)^2\right]\right\}.$$

显然, 对于一个固定的 n, 用样本方差 s^2 与用**总平方和** $\text{TSS} = ns^2 = \sum_{i=1}^n (y_i - \overline{y})^2$ 来度量不纯度或纯度增益是等价的, 后者在 R 的决策树函数 `rpart` 中称为**偏差** (deviance). 此时, 前面 $I(D)$, $I_A(D)$ 及 $\Delta I(A)$ 定义中的因子 $1/n$ 可以去掉.

3.4.3 用例 3.1 从数值上解释不纯度和拆分变量选择

使用上面的不纯度及纯度增益概念来做拆分变量选择, 对于每个试图拆分数据集 (记为 D) 的候选变量 x, 以及每个可能的值域中的分割点 x_s, 用属性 $A : x > x_s | x \leqslant x_s$ 来试着拆

分数据, 则可以计算出关于目标变量 (因变量) 的纯度 $I_A(D)$, 进而得到纯度增益 $\Delta I(A)$. 于是可以利用纯度增益来挑选分割点和拆分变量.

下面用例 3.1 服装业生产率数据通过一些决策片段来描述决策树的根本步骤的含义.

一、用 aim_prod 拆分整个数据集

该变量只有 9 个不同值 (该变量重复值很多), 因此分割点有 8 组等价选法, 把 aim_prod 不重复的值按照大小排列, 于是每两个顺序点之间的区间中任何一点都是一个分割点 (我们将取区间中点). 对于全部数据, 根据这 8 种分割 (拆分属性), 得到 8 种属性的纯度增益. 根据计算得到使得纯度增益最大的为属性 A: aim_prod > 0.725|aim_prod < 0.725 (见图 3.4.2, 计算及画图的 R 代码见 3.12.3 节), 也就是说, aim_prod 的最优分割点为 0.725 (在 0.7 和 0.75 之间的任何点作为分割点都和 0.725 等价, 因为没有观测值在区间 (0.7, 0.75) 中).

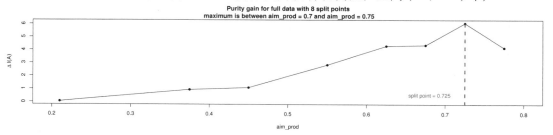

图 3.4.2　例 3.1 服装业生产率数据的全部数据根据变量 **aim_prod** 的各种分割的纯度增益

对于图 3.4.2 所描述的关于自变量 aim_prod 在根节点所做的所有计算, 在每个节点的数据集 (子数据集) 对每个自变量都要实施. 每次计算产生了对相应节点数据每个变量的最优竞争状态, 目的是与其他变量竞争相应节点的拆分变量资格.

二、在根节点各个变量以其最优状态互相竞争以成为拆分变量

在整个数据集 (根节点) 中, 对每个变量都像对变量 aim_prod 那样来求使得纯度增益最大的最优拆分. 但要注意的是, 对于分类自变量, 不是寻找一个分割点, 而是寻找其水平 (或类) 的一个划分. 如果一个分类自变量有 m 个水平 (类), 则一共有 $2^{m-1} - 1$ 种二分方法. 图 3.4.3 (计算及画图的 R 代码见 3.12.3 节) 显示了对于根节点 (原始数据集) 所有 13 个变量的最优拆分所得到的纯度增益图. 显然, aim_prod 的最优拆分的纯度增益最大, 因此在根节点被选中的拆分变量为 aim_prod.

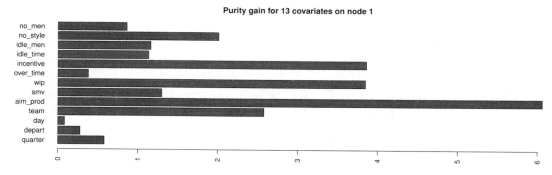

图 3.4.3　例 3.1 服装业生产率数据的决策树回归在根节点所有 **13** 个变量的最优纯度增益

三、随机考察第 11 号节点各个变量的竞争情况

在所有节点, 拆分变量的选择都是一样的, 我们再随机考察第 11 号节点各个变量的纯度增益, 并生成 13 个变量的纯度增益图 (见图 3.4.4, 计算及画图的 R 代码见 3.12.3 节). 图中显示变量 team 具有最大的纯度增益 (相应的拆分属性为 $A: team = 1, 4, 5, 12|team = 2, 3, 6, 7, 8, 9, 10, 11$), 这和决策树图 3.4.1 所显示的是一致的.

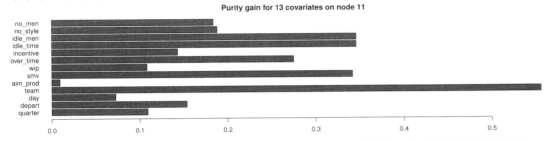

图 3.4.4 例 3.1 服装业生产率数据的决策树回归在第 11 号节点所有 13 个变量的最优纯度增益

我们已经考察了根节点及第 11 号节点的拆分变量选择情况, 在其他节点, 一切均类似于上面显示的根节点和第 11 号节点的情况, 这里不再赘述.

3.4.4 决策树回归的变量重要性

使用 R 可以生成决策树回归中各个变量的重要性. 下面通过例 3.1 服装业生产率数据的决策树回归来说明 (见图 3.4.5).

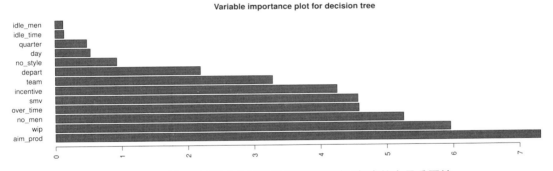

图 3.4.5 例 3.1 服装业生产率数据在决策树回归中的变量重要性

生成图 3.4.5 的 R 代码为:

```
w=read.csv('garmentsF.csv',stringsAsFactors = TRUE)[,-1]
w[,4]=factor(w[,4]);
rpart(act_prod~.,w)$variable.importance %>%
  barplot(horiz = TRUE,col=4,las=2,
          main = "Variable importance plot for decision tree")
```

3.5 通过例子总结两种回归方法

例 3.3 乙醇燃烧数据 (ethanol.csv) 这是 R 的程序包 `lattice` 自带的数据, 描述了乙醇燃料在单缸发动机中燃烧时, 对发动机压缩比 (C) 和当量比 (E) 的各种设置, 记录了氮氧化物

(NOx) 的排放. 该数据中包含 88 个观测值, 3 个变量: NOx (氮氧化物 NO 和 NO2 的浓度, 以 micrograms/J 为单位), C (发动机的压缩比), E (当量比, 空气和乙醇燃料混合物浓度的一种度量). 这里我们把变量 NOx 作为因变量, E 作为自变量. 图 3.5.1 为两个自变量和因变量的各种点图.

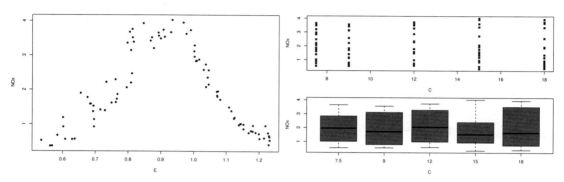

图 3.5.1 例 3.3 乙醇燃烧数据两个自变量和因变量的三种点图

图 3.5.1 左边为因变量 NOx 和自变量 E 的散点图. 由于自变量 C 实际上只取了 5 个值, 在图 3.5.1 右边用散点图 (右上) 和 (把 C 当成分类变量的) 条形图显示 (右下). 变量 C 和 NOx 的关系不如 E 和 NOx 的关系那么明显, 后面还是将变量 C 作为数量自变量.

3.5.1 用全部数据训练模型

为了熟悉最小二乘线性回归及决策树回归的拟合、预测过程及有关代码, 下面是用全部数据训练线性回归模型的结果.

```
> w=read.csv('ethanol.csv')
> (full_lm=lm(NOx~.,w))
Coefficients:
(Intercept)            C            E
   2.559101    -0.007109    -0.557137
```

这意味着我们得到了拟合的线性回归模型 (系数估计 $\hat{\beta}_0 = 2.559$, $\hat{\beta}_1 = -0.007$, $\hat{\beta}_2 = -0.557$):

$$\text{NOx} = 2.559 - 0.007\,C - 0.557\,E.$$

下面是用全部数据训练决策树回归模型的决策树图 (见图 3.5.2) 和打印结果.

```
> library(rpart.plot)
> (full_tree=rpart(NOx~.,w));rpart.plot(full_tree,extra=1,digits = 8)
n= 88

node), split, n, deviance, yval
      * denotes terminal node

 1) root 88 111.6238000 1.9573750
```

```
  2) E>=1.0945 23    1.5798080 0.8752609 *
  3) E<  1.0945 65   73.5817700 2.3402770
    6) E<  0.796  26    8.6189360 1.3010000
     12) E<  0.646   9    0.5589236 0.6402222 *
     13) E>=0.646  17    2.0499660 1.6508240 *
    7) E>=0.796  39   18.1586500 3.0331280
     14) E>=1.023  11    1.2355870 2.1600910 *
     15) E<  1.023  28    5.2451610 3.3761070
       30) C<  8.25   9    1.9624500 3.0226670 *
       31) C>=8.25  19    1.6258750 3.5435260 *
```

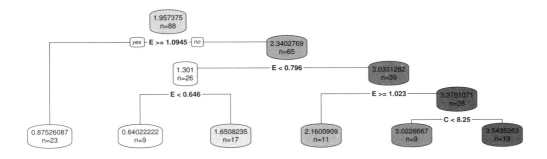

图 3.5.2　例 3.3 乙醇燃烧数据的决策树回归

用下面代码还可以生成终节点因变量值的盒形图 (见图 3.5.3), 从而了解其数值的分布及不纯度状况.

```
library(party);library(partykit);library(rpart.plot)
rpart(NOx~.,w) %>% as.party() %>% plot()
```

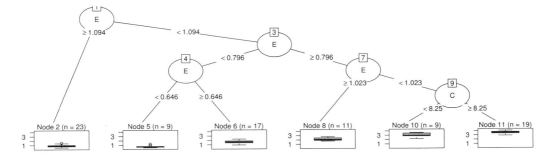

图 3.5.3　例 3.3 乙醇燃烧数据决策树回归的另一种图示

3.5.2　对新数据做预测

下面使用前面训练出来的两种模型对新数据做预测. 先构造一个只有两个观测值的新数据 (当然只有自变量, 待预测的因变量值未知), 并准备利用模型 `full_lm` 和 `full_tree` 基于新数据预测未知的因变量值.

```
> (new_data=data.frame(C=c(15,8),E=c(.7,1.2)))
   C   E
1 15 0.7
2  8 1.2
```

预测过程为:

```
> predict(full_lm,new_data)
       1        2
2.062469 1.833664
> predict(full_tree,new_data)
       1        2
1.6508235 0.8752609
```

线性回归模型两个因变量的预测值为 $\hat{y}_1 = 2.062$, $\hat{y}_2 = 1.834$. 读者可以验证这和将新数据代入前面得到的线性公式 $\text{NOx} = 2.559 - 0.007\,\text{C} - 0.557\,\text{E}$ 得到的结果相同. 而用决策树得到的因变量的预测值为 $\hat{y}_1 = 1.651$, $\hat{y}_2 = 0.875$. 读者也可以核对, 新数据的两个值通过图 3.5.2 的决策树落入第 13 号和第 2 号节点. 这两种回归得到的结果差别很大, 由于不知道新变量的因变量的真实值, 我们无法判断这些预测的准确度.

3.5.3 交叉验证

下面用比较简单的代码展示 10 折交叉验证的过程, 结果显示在表 3.5.1 和图 3.5.4 中. 显然, 在各折中及总体上, 线性回归模型的交叉验证 NMSE 远远高于决策树的 NMSE, 相差很多倍. 而且线性回归模型的 10 个交叉验证 NMSE 中只有 1 个 (0.938) 小于 1, 这说明还不如不用模型. 但这仅仅意味着线性回归模型不适合这个数据, 并不意味着决策树在其他情况下也一定比线性回归模型更精确. **这个例子再次说明, 永远不要主观认定一个模型, 而要通过交叉验证来从多种模型中选择.** 下面是生成表 3.5.1 的数据和绘制图 3.5.4 的 R 代码, 每一步都有解释.

```
library(tidyverse)
library(rpart.plot)
w=read.csv('ethanol.csv')   # 读入数据
n=nrow(w); Z=10; D=1 # n=样本量, Z=折数, D=因变量列号
set.seed(1010) # 设定随机种子, 使得计算可以重复
I=sample(rep(1:Z,ceiling(n/Z)))[1:n] # 把1-10的整数随机分配到n个下标位置
pred_lm=rep(999,n)->pred_tree  # 准备空向量存储预测结果
pred=NULL # 准备分别存储各折预测结果
f=formula(NOx~.) # 回归的公式
for (i in 1:Z) {  # 10 次交叉验证
  m=(I==i) # 第i折的下标集 w[!m,]为训练集, w[m,]为测试集
  pred_lm[m]=lm(f,w[!m,]) %>% predict(w[m,]) # 线性模型交叉预测
  pred_tree[m]=rpart(f,w[!m,]) %>% predict(w[m,]) #决策树交叉预测
  MI=sum((w[m,D]-mean(w[m,D]))^2) # 第i折TSS
```

```
    nmse_lm=sum((w[m,D]-pred_lm[m])^2)/MI  # 第i折线性模型NMSE
    nmse_tree=sum((w[m,D]-pred_tree[m])^2)/MI  # 第i折决策树NMSE
    pred=rbind(pred,c(nmse_lm,nmse_tree))  # 各折预测放到一起
}
M=sum((w[,D]-mean(w[,D]))^2)  # 总TSS
NMSE=c(sum((w[,D]-pred_lm)^2)/M,sum((w[,D]-pred_tree)^2)/M)  # 总NMSE
names(NMSE)=c("lm","tree")  # 命名

LG=c("NMSE of linear model","NMSE of decision tree")  # 图例用字
layout(1:2)  # 上下两张图
barplot(t(pred),beside = T,col=c("blue", "red"))  # 上图为各折NMSE
legend('top',LG,fill = c("blue", "red"),cex=.8) #图例
title('NMSE for every fold in 10-fold cross validation')  # 标题
barplot(t(NMSE),beside = T,col=c("blue", "red"),horiz = TRUE)#下图
legend('topright',LG,fill = c("blue", "red"))  # 图例
title('NMSE for all in 10-fold cross validation')  #标题
```

表 3.5.1 例 3.3 乙醇燃烧数据线性回归和决策树回归的 10 折交叉验证 NMSE

折号	1	2	3	4	5	6	7	8	9	10	总体
线性回归模型	2.365	1.094	1.807	1.035	0.938	1.038	1.224	1.607	1.098	1.948	1.124
决策树	0.408	0.435	0.257	0.092	0.363	0.180	0.192	0.432	0.073	0.180	0.196

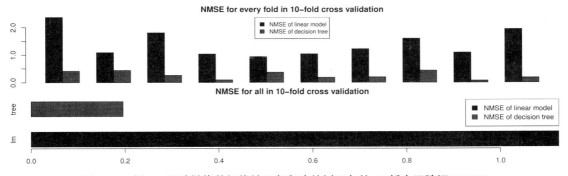

图 3.5.4 例 3.3 乙醇燃烧数据线性回归和决策树回归的 10 折交叉验证 NMSE

3.6 简单分类模型初识

在这一节, 我们将通过下面的例子来介绍分类的一些初步知识. 之所以使用这个例子, 是因为这个例子的因变量只有两个水平 (类), 可以用于介绍只适用于二分类情况的 Logistic 回归, 对一般有多水平因变量的分类问题, Logistic 回归就不方便了.

例 3.4 泰坦尼克乘客数据 (ptitanic.csv, titanicF.csv) 这是删除了乘客姓名和其他详细信息的泰坦尼克号数据. 在 R 程序包 rpart.plot 中可以用 ptitanic 名字找到. 该数据包含 6 个变量及 1309 个观测值. 变量包括 pclass (乘客舱位, 水平: 1st, 2nd, 3rd), survived (是否生还, 水平: died, survived), sex (性别, 水平: male, female), age (年龄, 单位: 岁, 从 0.1667 到 80), sibsp (同船兄弟姐妹或配偶的数目, 0∼8 的整数), parch (同船父母或孩子的数目, 0∼9 的整数). 数

据文件 titanicF.csv 用程序包 missForest 弥补了数据中 age 的缺失值, 这种弥补改进了本节使用的 Logistic 回归及决策树的交叉验证预测精度.

下面, 我们将使用 titanicF.csv 数据, 以 survived 作为有两个水平 (类) 的因变量、其余变量作为自变量来建立分类模型.

3.6.1 分类问题数据例 3.4 泰坦尼克乘客数据的初等描述

首先绘制因变量 survived 及 5 个自变量的点图 (见图 3.6.1):

```
u=read.csv('titanicF.csv',stringsAsFactors = TRUE)

layout(t(1:5))
for(i in (1:ncol(u))[-2][1:2]){
  f0=paste("survived~",names(u)[i])
  plot(formula(f0),u,col=c(7,4),main=f0)}
for(i in (1:ncol(u))[-2][3:5]){
  f0=paste(names(u)[i],"~survived")
  plot(formula(f0),u,col=c(7,4),main=f0)}
```

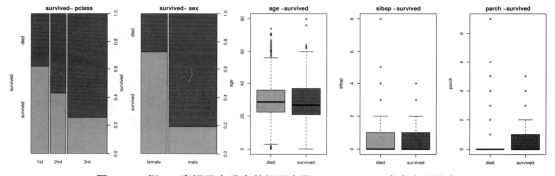

图 3.6.1 例 3.4 泰坦尼克乘客数据因变量 survived 及 5 个自变量的点图

图 3.6.1 显示了 5 个自变量和因变量的关系. 左边 2 个显示比例的柱形图分别表示分类自变量 pclass 和 sex 与因变量 survived 的关系, 这 2 个图显示, 舱位等级越高, 生还比例越高, 而女性的生还比例远远超过男性. 右边 3 个图显示了 3 个数量自变量与因变量的关系, 对于因变量的每个水平, 生成这 3 个变量的盒形图. 虽然这 3 个盒形图显示的关系不如左边 2 个图那么明显, 但也有一些模式, 读者可以试试生成密度估计图或直方图, 应该能够展示比盒形图更多的有用信息.

3.6.2 简单分类模型拟合

一、简单分类模型拟合的一般度量

与回归模型一样, 分类模型也属于有监督学习模型 $\hat{y} = f(x, \hat{\Theta}) \approx y$, 和回归模型的区别是, 分类问题中的 y 不是数值变量, 而是取值为类的离散型元素.

如果通过训练数据得到了学习出来的模型结构或参数 $\hat{\Theta}$, 就可以做预测, 和回归一样, 分类是试图用自变量 (无论什么类型) 对分类因变量的取值做预测. 前面回归中所用的术语

"拟合""预测值""拟合值"(即对训练集的预测值) 等在这里都适用. 假定样本量为 n, 用 $\hat{\boldsymbol{y}} = (\hat{y}_1, \hat{y}_2, \ldots, \hat{y}_n)$ 来表示模型通过自变量观测值 $\boldsymbol{x} = (\boldsymbol{x}_1, \boldsymbol{x}_2, \ldots, \boldsymbol{x}_n)$ 对因变量的估计, 也就是

$$\hat{y}_i = f(\boldsymbol{x}_i, \hat{\boldsymbol{\Theta}}), \ i = 1, 2, \ldots, n.$$

得到的预测值 $\hat{\boldsymbol{y}}$ 和真实值 $\boldsymbol{y} = (y_1, y_2, \ldots, y_n)$ 有差距, 但和回归不同的是, 这里的误差是用误判率来决定的. 比如, 表 3.6.1 显示了 30 次掷硬币的结果 (H 代表正面, T 代表反面) $y_1, y_2, \ldots, y_{30}$ 及使用某模型根据某些自变量得到的预测结果 $\hat{y}_1, \hat{y}_2, \ldots, \hat{y}_{30}$. 这时的误判率就是错判个数所占的比例 $\frac{1}{30} \sum_{i=1}^{30} I_{y_i \neq \hat{y}_i}$, 这里的 I_A 为示性函数, 当属性 A 为真时等于 1, 否则等于 0. 对于表 3.6.1 的例子, 只要数一数这两行数据有多少不同并除以 30 即为误判率. 容易得到误判率为 $11/30 \approx 0.367$.

表 3.6.1 掷硬币 30 次的结果

i	1	2	3	4	5	6	7	8	9	10	11	12	13	14	15	16	17	18	19	20	21	22	23	24	25	26	27	28	29	30
y_i	T	H	T	H	T	H	T	H	T	H	H	T	T	T	T	T	T	T	T	T	H	H	H	H	H	H	H	T	H	H
$\hat{y}_i$	T	H	T	T	T	T	H	H	H	H	H	T	T	T	T	T	T	T	H	H	T	T	H	H	T	T	T	T	T	T

从表 3.6.1 还可以得到**混淆矩阵** (confusion matrix), 该混淆矩阵显示在表 3.6.2 中.

表 3.6.2 掷硬币 30 次的混淆矩阵

真实结果	预测结果	
	H	T
H	6	7
T	4	13

显然, 表 3.6.2 中主对角线之外的 $7 + 4 = 11$ 个结果是误判的. 其中正面 (H) 误判为反面 (T) 的有 7 个, 反面误判为正面的有 4 个.

二、对例 3.4 泰坦尼克乘客数据的拟合: Logistic 回归

我们将用 Logistic 回归和决策树对例 3.4 泰坦尼克乘客数据做拟合, 以 survived 为因变量, 其他变量为自变量. 这里的 Logistic 回归虽然称为 "回归", 但并不是真正意义上的回归, 3.7 节将对其做较详细的介绍. 首先读入例 3.4 的数据:

```
w=read.csv('titanicF.csv',stringsAsFactors = TRUE)
library(tidyverse)
```

Logistic 回归模型的要点为 (后面会更多介绍其原理):
1. 假定因变量得到两个结果的过程为伯努利试验, 得到两种结果 (暂且统称为 "阳性" 和 "阴性") 的概率分别为 p 和 $1 - p$, 而概率 p 是自变量的函数, 由式 (3.6.1) 定义.
2. 再做进一步的假定: 上面概率 p 是自变量的线性组合 (未知的待估计线性组合系数记为 $\boldsymbol{\beta} = (\beta_0, \beta_1, \ldots, \beta_k)^\top$) 的 logit 函数[①]:

$$\log\left(\frac{p_i}{1 - p_i}\right) = \beta_0 + \beta_1 x_{i1} + \cdots + \beta_k x_{ik}, \ i = 1, 2, \ldots, n$$
$$p_i = \frac{1}{1 + \exp[-(\beta_0 + \beta_1 x_{i1} + \cdots + \beta_k x_{ik})]}, \ i = 1, 2, \ldots, n$$
(3.6.1)

[①] p 的函数 $\alpha = \log\left(\frac{p}{1-p}\right)$ 称为 logit 函数, 而其反函数 $p = \frac{1}{1+\exp(-\alpha)} = \frac{\exp(\alpha)}{\exp(\alpha)+1}$ 称为 logistic 函数.

或矩阵形式 (记 $\boldsymbol{X}$ 为带有常数项的自变量矩阵, $\boldsymbol{p} = (p_1, p_2, \ldots, p_n)^\top$):

$$\log\left(\frac{\boldsymbol{p}}{1-\boldsymbol{p}}\right) = \boldsymbol{X}\boldsymbol{\beta} \quad \text{或} \quad \boldsymbol{p} = \frac{1}{\exp(-\boldsymbol{X}\boldsymbol{\beta})+1} = \frac{\exp(\boldsymbol{X}\boldsymbol{\beta})}{\exp(\boldsymbol{X}\boldsymbol{\beta})+1}. \tag{3.6.2}$$

3. 由于 $\boldsymbol{y} = (y_1, y_2, \ldots, y_n)^\top$ 有参数为 $\boldsymbol{p} = \exp(\boldsymbol{X}\boldsymbol{\beta})/[\exp(\boldsymbol{X}\boldsymbol{\beta})+1]$ 的伯努利分布, 因此可以利用已知数据 $\boldsymbol{y}$ 和 $\boldsymbol{X}$, 使用最大似然法[①]得到参数 $\boldsymbol{\beta}$ 的估计值 $\hat{\boldsymbol{\beta}}$. 这时, 对于任何一个新的自变量数据 $\boldsymbol{X}^{\text{new}}$ (如果样本量为 m), 都可以得到

$$(\hat{p}_1^{\text{new}}, \hat{p}_2^{\text{new}}, \ldots, \hat{p}_m^{\text{new}})^\top = \hat{\boldsymbol{p}}^{\text{new}} = \exp(\boldsymbol{X}^{\text{new}}\hat{\boldsymbol{\beta}})/[\exp(\boldsymbol{X}^{\text{new}}\hat{\boldsymbol{\beta}})+1]. \tag{3.6.3}$$

4. 利用上面 $(\hat{p}_1^{\text{new}}, \hat{p}_2^{\text{new}}, \ldots, \hat{p}_m^{\text{new}})^\top$ 的大小来预测因变量应该为伯努利试验两个结果中的哪一个. 通常是有一个阈值 p_0, 使得

$$\hat{p}_i^{\text{new}} \begin{cases} \geqslant p_0 \Rightarrow \hat{y}_i = \text{"阳性"} \\ < p_0 \Rightarrow \hat{y}_i = \text{"阴性"} \end{cases}$$

通常 (比如 Python 软件 `sklearn` 包 Logistic 回归的默认值) 取 $p_0 = 0.5$, 如用 R 的 `glm` 函数中的 `family=binomial` 选项做 Logistic 回归的分类就必须自己选择阈值 p_0. 选择阈值完全根据具体问题对假阳性或假阴性的容忍程度来确定, 没有一定之规.[②]

使用下面代码对例 3.4 的数据用 Logistic 回归来分类, 其中第一行是拟合, 求参数估计, 第二行是对训练集 (即全部数据) 做预测, 求拟合值.

```
fit_logit=glm(survived~.,w,family=binomial) %>% print()
pred_logit = predict(fit_logit,w,type="response") %>% ">"(.,0.5) %>%
    ifelse("survived","died")
```

得到下面估计的系数输出:

(Intercept)	pclass2nd	pclass3rd	sexmale	age	sibsp	parch
4.073	-1.389	-2.380	-2.585	-0.044	-0.368	-0.001

这意味着该模型有如下形式:

$$\log\left(\frac{p}{1-p}\right) = \begin{cases} 4.073 + 0 + 0 - 0.044\text{age} - 0.368\text{sibsp} - 0.001\text{parch}, & \text{当 pclass = 1st 且 sex = female 时;} \\ 4.073 + 0 - 2.585 - 0.044\text{age} - 0.368\text{sibsp} - 0.001\text{parch}, & \text{当 pclass = 1st 且 sex = male 时;} \\ 4.073 - 1.389 + 0 - 0.044\text{age} - 0.368\text{sibsp} - 0.001\text{parch}, & \text{当 pclass = 2nd 且 sex = female 时;} \\ 4.073 - 2.380 + 0 - 0.044\text{age} - 0.368\text{sibsp} - 0.001\text{parch}, & \text{当 pclass = 3rd 且 sex = female 时;} \\ 4.073 - 1.389 - 2.585 - 0.044\text{age} - 0.368\text{sibsp} - 0.001\text{parch}, & \text{当 pclass = 2nd 且 sex = male 时;} \\ 4.073 - 2.380 - 2.585 - 0.044\text{age} - 0.368\text{sibsp} - 0.001\text{parch}, & \text{当 pclass = 3rd 且 sex = male 时.} \end{cases}$$

由于存在两个分别有 3 个及 2 个水平的分类自变量, 如同在 3.3.3 节所讨论的, 上述模型右边的线性部分应该有 $3 \times 2 = 6$ 个截距项, 只有数量变量才有真正意义上的斜率. 有些软件还输出了关于系数 (包括截距) 的显著性检验结果, 这些是没有实际意义的.

下面输出对于训练集预测的混淆矩阵和误判率.

[①] 把分布密度 (质量) 函数 $f(x|\theta)$ 中的参数 θ 看成未知的, 而数据 x 为已知的, 使得函数 $f(x|\theta)$ 最大的 θ: $\hat{\theta} = \arg\max_\theta f(x|\theta)$ 称为最大似然估计.

[②] 阈值选择的标准并不简单, 必须考虑具体课题的需要. 比如, 对于某些疾病, 如果把有病误判为无病, 则可能耽误治疗, 但如果过多地把无病误判为有病则可能会浪费资源. 因此, 选择阈值必须慎重.

```
> table(w[,2],pred_logit);mean(w[,2]!=pred_logit)
         pred_logit
          died survived
  died     687      122
  survived 154      346
[1] 0.210848
```

三、对例 3.4 泰坦尼克乘客数据的拟合: 决策树分类

用下面的 R 代码可生成例 3.4 泰坦尼克乘客数据的分类决策树 (见图 3.6.2) 并输出打印结果.

```
(fit_tree=rpart(survived~.,w) )
rpart.plot(fit_tree,extra = 1,digits = 4)
```

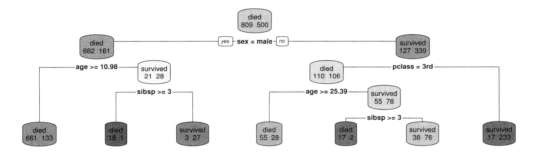

图 3.6.2　例 3.4 泰坦尼克乘客数据的分类决策树

和图 3.6.2 等价但更加详细的决策树打印结果为:

```
n= 1309
node), split, n, loss, yval, (yprob)
      * denotes terminal node
 1) root 1309 500 died (0.61802903 0.38197097)
   2) sex=male 843 161 died (0.80901542 0.19098458)
     4) age>=10.9816 794 133 died (0.83249370 0.16750630) *
     5) age< 10.9816 49  21 survived (0.42857143 0.57142857)
      10) sibsp>=2.5 19   1 died (0.94736842 0.05263158) *
      11) sibsp< 2.5 30   3 survived (0.10000000 0.90000000) *
   3) sex=female 466 127 survived (0.27253219 0.72746781)
     6) pclass=3rd 216 106 died (0.50925926 0.49074074)
      12) age>=25.39089 83  28 died (0.66265060 0.33734940) *
      13) age< 25.39089 133  55 survived (0.41353383 0.58646617)
        26) sibsp>=2.5 19   2 died (0.89473684 0.10526316) *
        27) sibsp< 2.5 114  38 survived (0.33333333 0.66666667) *
     7) pclass=1st,2nd 250  17 survived (0.06800000 0.93200000) *
```

对上面决策树的打印结果的简单说明如下 (同时参看图 3.6.2 中相应的等价信息):

1. 其中头两行为图例, 说明后面带有标号 (图例中称为 node)) 各行的意义, 这里的标号是节点号码, 后面有标号的每一行都是一个节点的说明. 第二行说明终节点都标了星号 (*).
2. 标有 1) 的节点是根节点.
   (1) 对应于图例 split (拆分) 的位置显示为 root, 说明它是根节点, 没有拆分条件;
   (2) 对应于图例 n 的位置显示为 1309, 说明该节点的样本量为 1309;
   (3) 对应于图例 loss 的位置显示为 500, 这是因为该节点多数是 "died" (见图 3.6.2), 如果不再拆分而以少数服从多数来做分类, 则该节点的预测为 died, 这样凡是不等于 died 的为误判, 一共有 500 个 (图中显示 died 有 809 个, 而 survived 有 500 个);
   (4) 对应于图例 yval 的位置显示为 died, 这是该节点的因变量预测值.
   (5) 对应于图例 (yprob) 的位置显示为 (0.61802903 0.38197097), 这是该节点的因变量中 died 和 survived 在该节点数据集中所占的比例.
3. 标有 2) 的节点是第一次拆分后左边的节点.
   (1) 对应于图例 split (拆分) 的位置显示为 sex=male, 说明该节点数据的自变量 sex 都满足的条件;
   (2) 对应于图例 n 的位置显示为 843, 说明该节点的样本量为 843;
   (3) 对应于图例 loss 的位置显示为 161, 这是该节点因变量不等于多数水平 died 的个数;
   (4) 对应于图例 yval 的位置显示为 died, 这是该节点因变量占多数的水平;
   (5) 对应于图例 (yprob) 的位置显示为 (0.80901542 0.19098458), 这是该节点的因变量中 died 和 survived 在该节点数据集中所占的比例.
4. 其他节点类似, 标有星号的节点是终节点.

下面输出上面的决策树分类得到的对训练集预测的混淆矩阵和误判率.

```
> table(w[,2],pred_tree);mean(w[,2]!=pred_tree)
          pred_tree
           died survived
  died      751       58
  survived  164      336
[1] 0.1695951
```

这个总体误判率比 Logistic 回归要少 4%, 但原本是 survived 被误判为 died 的比 Logistic 回归要多出 10 个 (占样本量的 0.76%).

> **问题与思考**
>
> 鉴于后面要对 Logistic 回归和决策树做更多的介绍, 下面仅做一些说明.
>   1. Logistic 回归的特点为:
>   (1) 把二项试验的概率描述成自变量线性组合函数的假定是非常主观且有风险的, 世界上绝大部分关系都不能用线性关系近似.
>   (2) 假定的线性关系及使用的最大似然估计, 在自变量完全是数量变量时比较方便.

(3) 在自变量有很多分类变量或者某些分类变量水平很多时, 使用 Logistic 回归模型会很糟糕, 甚至无法训练出来.
2. 决策树的回归拟合把数据分成 7 部分 (根据 R 函数 rpart 的默认值), 每一部分用该部分多数的水平作为拟合值. 其特点是:
   (1) 决策树不对数据结构和关系做任何主观假定, 对任何有监督学习都完全适用. 决策树及其组合算法 (后面将会介绍) 是最优秀的工具.
   (2) 决策树是一步一步试探着形成的: 先找出一个自变量的分割点把数据分为两部分, 然后再看这两个数据集是否需要分割, 几步之后得到这个结果. **是否继续拆分是由结果节点的纯度 (或不纯度) 决定的. 分类问题的纯度是由数据集 (节点) 内各个水平 (类) 的混杂程度决定的.**
   (3) 可通过交叉验证来控制树的规模, 使其不过拟合或欠拟合.
   (4) 不同于线性回归, 决策树无法写出数学公式, 但图形直观易懂, 容易解释 (见图 3.2.5).
   (5) 单独一棵决策树的拟合精度不一定很高, 但基于自助法抽样生成大量决策树的组合算法是有监督学习中精度最高的一类.

3.6.3 验证和模型比较: 交叉验证

前面所说的预测精度或误判率都是对训练集计算的, 下面计算一下做 10 折交叉验证对 Logistic 回归和决策树的误判率. 对于例 3.4 泰坦尼克乘客数据, 决策树的交叉验证预测精度要高于 Logistic 回归, 交叉验证误判率展示在图 3.6.3 中. 图 3.6.3 是由下面的 R 代码生成的 (在计算中使用了两个自编函数 CVC 和 Fold, 这两个函数见 3.12.4 节).

```
r1=CVC(w,D=2,Z=10,fun=glm,seed = 1010)$er #0.2154316
r2=CVC(w,D=2,Z=10,fun=rpart,seed = 1010)$er #0.171123
barplot(c(r1,r2),horiz = T,names.arg = c("Logistic","Tree"),col=4)
title("Classification error of logistic regression and decision tree")
```

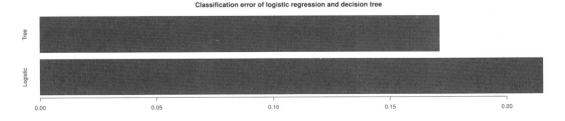

图 3.6.3　例 3.4 泰坦尼克乘客数据两种分类模型的 10 折交叉验证的误判率

分类的分折交叉验证和回归类似, 但我们在实践中并不是完全随机地把数据分成 Z 折, 而是在分成 Z 折时把因变量的每个水平也随机分成 Z 折, 也就是说, 原先因变量各个水平的比例在各折数据中也相似. 这种分折使得交叉验证更忠实于原始数据的状况. 对于样本量很大, 而且因变量各折也很平衡的情况, 这种按比例分折似乎没有必要, 但对于相对较小的数据, 则必须使各折中因变量水平的比例相似. 函数 Fold 就是为此目的而编写的.

3.7 Logistic 回归的数学背景

前面 3.6.2 节已经解释了使用 Logistic 回归进行分类的详细过程, 但没有解释其数学细节, 下面对此予以说明.

3.7.1 线性回归的启示

考虑传统统计的回归问题. 记(这里 y 和 X 分别为因变量向量和自变量的设计矩阵, 人们往往假定线性模型的形式, 并假定误差向量 β 为可加的并且服从正态分布)

$$y = X\beta + \varepsilon, \quad \varepsilon \sim N(\mathbf{0}, \sigma^2 I). \tag{3.7.1}$$

把自变量看作是固定的, 就有

$$y \sim N(X\beta, \sigma^2 I).$$

在这种情况下, 可以把 β 和 σ^2 看作 y 的正态分布的未知参数, 并且可以用最大似然法来估计, 容易证明, 对 β 的最大似然估计和最小二乘估计相同. 对式 (3.7.1) 两边取数学期望, 得到

$$\mu = E(y) = X\beta. \tag{3.7.2}$$

上式表明因变量的均值是自变量线性表示 $X\beta$ 的恒等函数.[①] 一个很自然的问题是, 如果 y 服从其他分布, 均值是否也可以表示成自变量的线性形式 $X\beta$ 的某种函数呢?

3.7.2 二项分布或伯努利分布情况

在 y 服从伯努利分布的情况下, $p = E(y)$, 这时就不能像式 (3.7.2) 那样直接写成 $p = E(y) = X\beta$, 这是因为左边 p 的值域为 $(0,1)$, 而右边 $X\beta$ 的值域可能是 $(-\infty, +\infty)$. 因此需要一个合适的函数来转换, logit 函数是合适的, 这样就有

$$\log\left(\frac{p}{1-p}\right) = X\beta \quad \text{或} \quad p = \frac{\exp(X\beta)}{1+\exp(X\beta)}. \tag{3.7.3}$$

当然, 合适的函数不仅仅是 logit 函数, 比如正态累积分布的逆函数 $\Phi^{-1}()$ 也是从单位区间到 $\mathbb{R}$ 的映射, 这样就有

$$\Phi^{-1}(p) = X\beta \quad \text{或} \quad p = \Phi(X\beta). \tag{3.7.4}$$

根据式 (3.7.3), y 的分布的参数包含了未知参数 β:

$$y \sim \text{Bernoulli}(p) = \text{Bernoulli}\left(\frac{\exp(X\beta)}{1+\exp(X\beta)}\right).$$

因此, 可以用最大似然法估计出来. 这就是 Logistic 回归. 而和式 (3.7.4) 联系的模型称为 probit 回归, 这两种回归都可以解决二分类问题, 但没有人能够说哪一种更合适一些. 在世界各地大学的经典统计学教学中, 有些主要介绍 Logistic 回归, 而另一些则以 probit 回归为主. 当然, 对一般分类问题来说, 各种机器学习分类是当今最普遍的重点教学内容.

[①] 集合 M 上的恒等函数 (identity function) 定义为 $f(x) = x, \forall x \in M$.

3.7.3 其他分布的情况: 广义线性模型

一般地, 如果 $\boldsymbol{\mu} = E(\boldsymbol{y})$, 通过函数 $g()$ 来实现均值 $\boldsymbol{\mu}$ 和自变量线性表示 $\boldsymbol{X\beta}$ 的连接:
$$g(\boldsymbol{\mu}) = \boldsymbol{X\beta} \text{ 或 } \boldsymbol{\mu} = g^{-1}(\boldsymbol{X\beta}),$$
就称为**广义线性模型** (generalized linear model, GLM), 称函数 $g()$ 为**连接函数** (link function), 称连接函数的逆 $m() = g^{-1}()$ 为**均值函数** (mean function). 注意, 并不是所有的分布都能如此操作, 但指数族分布族[①]都有相应的广义线性模型. 我们做 Logistic 回归的 R 函数 `glm` 就是用来解各种广义线性模型的. 每个分布都有默认的连接函数, 称为**典则连接函数** (canonical link function). 表 3.7.1 列出了 R 函数 `glm` 所用的某些指数族分布的典则连接函数.

表 3.7.1 R 函数中某些指数族分布的典则连接函数

分布	连接函数在 R 中的名字	连接函数 $g(\mu)$	均值函数 $m(\eta)$
正态 (高斯)	`identity`	$\boldsymbol{x}^\top\boldsymbol{\beta} = \mu$	$\mu = \boldsymbol{x}^\top\boldsymbol{\beta}$
指数	`inverse`	$\boldsymbol{x}^\top\boldsymbol{\beta} = -\mu^{-1}$	$\mu = -(\boldsymbol{x}^\top\boldsymbol{\beta})^{-1}$
Gamma	`inverse`	$\boldsymbol{x}^\top\boldsymbol{\beta} = -\mu^{-1}$	$\mu = -(\boldsymbol{x}^\top\boldsymbol{\beta})^{-1}$
逆高斯	`1/mu^2`	$\boldsymbol{x}^\top\boldsymbol{\beta} = -\mu^{-2}$	$\mu = (-\boldsymbol{x}^\top\boldsymbol{\beta})^{-1/2}$
Poisson	`log`	$\boldsymbol{x}^\top\boldsymbol{\beta} = \log(\mu)$	$\mu = \exp(\boldsymbol{x}^\top\boldsymbol{\beta})$
二项	`logit`	$\boldsymbol{x}^\top\boldsymbol{\beta} = \log\left(\dfrac{\mu}{1-\mu}\right)$	$\mu = \dfrac{\exp(\boldsymbol{x}^\top\boldsymbol{\beta})}{1+\exp(\boldsymbol{x}^\top\boldsymbol{\beta})}$

前面的 Logistic 回归的连接函数是 logit 函数, 而 probit 回归的连接函数是正态累积分布函数的逆函数, 但对于二项分布或伯努利分布来说, logit 函数为典则连接函数, 而不是正态分布的逆. 但这并不阻止人们用 `glm` 来做 probit 回归, 在使用 `glm` 拟合任何广义线性模型时, 不一定用默认的典则连接函数, 完全可以填入自定义的连接函数.

此外, 在 `glm` 的参数 `family` 的选项中有一个 `quasi`, 这意味着构建无任何具体分布假定的广义线性模型, 这时的似然函数称为准 (对数) 似然函数 (quasi-likelihood)[②], 使用准似然函数的结果不一定比指定分布的差.

> **问题与思考**
>
> 关于广义线性模型 (包括 Logistic 回归模型) 的几点说明:
> 1. 广义线性模型在数学上很有吸引力, 在对数据的不同假定下, 可以得到各种延伸的数学结果.
> 2. 由于其数学假定很强, 比如因变量的分布、参数为自变量的线性组合, 等等, 广义线性模型有可能和实际世界完全无关.
> 3. 由于广义线性模型的线性形式要求自变量为数量变量, 当自变量有较多分类变量或分类变量水平较多时, 哑元化的分类变量使得计算很不稳定甚至崩溃.
> 4. 典则连接函数在数学推导上有便利之处, 但没有任何证据显示典则连接函数比其他合理的连接函数更优越.

[①]如果因变量 $\boldsymbol{Y} = (Y_1, Y_2, \ldots, Y_n)^\top$ 来自指数族分布, 那么其观测值 $(y_1, y_2, \ldots, y_n)$ 的密度函数总是可以写成下面的形式:
$$f(y_i; \theta, \phi) = \exp\left(\frac{b(\theta)T(y_i) - \kappa(\theta)}{a_i(\phi)} + c(y_i, \phi)\right),$$
式中, θ 和 ϕ 是参数; 函数 $T(y_i), b(\theta), \kappa(\theta), a_i(\phi)$ 在因变量的具体分布确定后都是可以导出的 (已知的).

[②]吴喜之, 张敏. 应用回归及分类——基于 R 与 Python 的实现. 2 版. 北京: 中国人民大学出版社, 2020.

3.8 决策树分类的更多说明

3.8.1 纯度的直观感受

在回归和前面简单的分类描述中,已经对决策树有了较多的认识.这里介绍分类决策树生长的关键在于各个节点的纯度.就例 3.4 泰坦尼克乘客数据的决策树分类来说,图 3.8.1 展示了根节点(节点号为 1)及 7 个终节点(注意:代码 `rpart(survived~.,w)$where` 给出的终节点号码为 13, 6, 3, 9, 12, 5, 11,但它实际上相应于前面打印结果的号码为 4, 10, 11, 12, 26, 27, 7,这体现了程序本身的编码问题)的因变量水平分别为 died 和 survived 的观测值频数的条形图.生成图 3.8.1 的代码见 3.12.5 节.

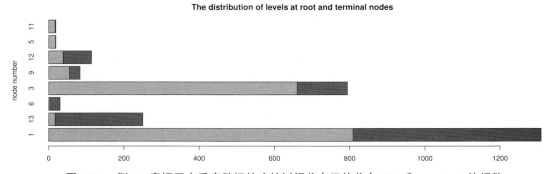

图 3.8.1　例 3.4 泰坦尼克乘客数据的决策树根节点及终节点 died 和 survived 的频数

从图 3.8.1 中可以看出,在根节点(图中最下面的 1 号节点条),两类观测值数目相差不算太大,这种比例确定了数据的原始不纯度,随着数据集的拆分,各个节点的数据逐渐变纯,也就是两类观测值数目相差越来越大,在图中表现为一种颜色的比例变大.下面我们基于各类的比例定义决策树常见的不纯度.

我们知道,对例 3.4 泰坦尼克乘客数据,在决策树的根节点的首选拆分变量是 sex 而不是 pclass,但是从图 3.6.1 左边两图(重现于图 3.8.2 上面两图)不太容易看出哪个变量更能使数据变纯,再考虑 pclass 的 3 种拆分(图 3.8.2 下面 3 图)({(1st, 2nd), 3rd}, {(1st, 3rd), 2nd}, {1st, (2nd, 3rd)}) 与 sex 的一种拆分相比,肉眼可以看出 sex 的两个水平所对应的数据集似乎的确使得数据更纯.这种"肉眼识别法"显然不能用于实际应用,下面正式介绍分类变量不纯度的度量.生成图 3.8.2 的代码见 3.12.5 节.

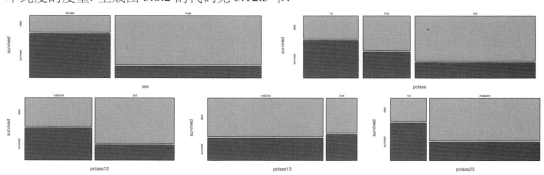

图 3.8.2　例 3.4 泰坦尼克乘客数据因变量 survived 与自变量 pclass 及 sex 的马赛克图

根据前面的分析, 变量 sex 比变量 pclass 在判断因变量类别上提供了更多信息. 这源于下面的事实: 变量 sex 各个水平数据中的变量 survived 的纯度比较高, 什么是纯度 (或不纯度) 呢? 在定义纯度 (或不纯度) 之前, 我们看一下在 sex 各个水平中变量 survived 的两个水平 (survived 和 died) 所占的比例. 除了图 3.8.2 的直观表示之外, 还可以用下面的 R 代码展示具体比例数值, 在定义不纯度时会用到这一类比例数值.

```
> prop.table(table(w$survived,w$sex),2)
             female      male
  died      0.2725322  0.8090154
  survived  0.7274678  0.1909846
```

在上面的输出中, 对于 sex=female, 因变量两个水平的比例大约为 "三七开", 而对于 sex=male 则是 "二八开", 比整个数据集的 "六四开" 的纯度要高. 再看变量 pclass 及其 3 种拆分, 这些比例为:

```
> prop.table(table(w$survived,w$pclass),2)
              1st        2nd        3rd
  died      0.3808050  0.5703971  0.7447109
  survived  0.6191950  0.4296029  0.2552891
> prop.table(table(w1$survived,w1$pclass12),2)
              1st&2nd    3rd
  died      0.4683333  0.7447109
  survived  0.5316667  0.2552891
> prop.table(table(w1$survived,w1$pclass13),2)
              1st&3rd    2nd
  died      0.6308140  0.5703971
  survived  0.3691860  0.4296029
> prop.table(table(w1$survived,w1$pclass23),2)
              1st        2nd&3rd
  died      0.3808050  0.6957404
  survived  0.6191950  0.3042596
```

这些比例没有变量 sex 拆分的结果那么纯. 显然我们的纯度度量应该基于因变量各个水平在数据集中的比例来定义.

3.8.2 竞争拆分变量的度量: 分类变量的不纯度

假定我们关心的变量有 J 类 (水平) (对于例 3.4 泰坦尼克乘客数据的因变量 survived, $J=2$), 对于一个数据集, 或者 (满足某些条件的) 数据子集, 下面来定义几种不纯度.

定义 3.2 考虑某变量在一个集合 D 中有 J 类 (水平), 而每一类在集合中的比例分别为 p_i $(i=1,2,\ldots,J)$.

1. **Gini 不纯度** (Gini impurity) 定义为 **Gini 指数** (Gini index):

$$\text{Gini}(D) = \sum_{i=1}^{J} p_i(1-p_i) = \sum_{i=1}^{J}(p_i - p_i^2) = \sum_{i=1}^{J} p_i - \sum_{i=1}^{J} p_i^2 = 1 - \sum_{i=1}^{J} p_i^2.$$

2. **信息熵** (information entropy) 定义为:
$$\text{Entropy}(D) = -\sum_{i=1}^{J} p_i \log_2 p_i.$$

3. **分类误差** (classification error) 定义为:
$$\text{CE}(D) = 1 - \max_i(p_i).$$

定义 3.2 中的三种不纯度在 $J=2$ 时可以用平面图来表示. 图 3.8.3 就是这三种不纯度在 $J=2$ 时, 变元 (比如 p_1 或等价的 $p_2 = 1-p_1$) 在单位区间 $(0,1)$ 内变化时的曲线. 生成图 3.8.3 的 R 代码见 3.12.5 节.

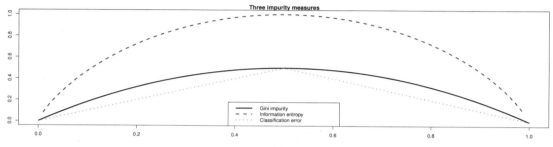

图 3.8.3 三种不纯度定义在 $J=2$ 时的曲线

图 3.8.3 显示, 这三种度量在中点 ($p_1 = p_2 = 0.5$) 达到最大; 而当 p_i 接近 0 或 1(数据变纯) 时变小. 在决策树中, 最常使用的度量是 Gini 不纯度和信息熵 (通常软件中有一个是默认值, 另一个可选择). 但是这些不纯度仅仅描述了一个数据集的情况, 要想选择拆分变量使得不纯度降低, 则必须定义纯度增益 (对于信息熵也称信息增益). 下面仅就 Gini 不纯度定义纯度增益 (Gini 增益 (Gini gain)), 信息增益的定义完全一样, 只要把下面定义中的 $\text{Gini}(D)$ 换成 $\text{Entropy}(D)$ 即可.

定义 3.3 假定某变量在一个集合 D 中有 J 类 (水平), 每一类在集合中的比例分别为 p_i ($i = 1, 2, \ldots, J$), 其 Gini 不纯度为 $\text{Gini}(D)$ (定义 3.2).

1. 如果样本量为 n 的数据集 D 由于某属性 A (例如满足某条件与否两种情况) 被拆分成两个子集 D_1 和 D_2, 分别有样本量 n_1 及 n_2, 那么 Gini 不纯度定义为:
$$\text{Gini}_A(D) = \frac{n_1}{n}\text{Gini}(D_1) + \frac{n_2}{n}\text{Gini}(D_2).$$

2. 由上面两种定义, **Gini 增益** 定义为属性 A 拆分 D 为两个子集 D_1 及 D_2 所得到的 Gini 不纯度的减少:
$$\Delta\text{Gini}(A) = \text{Gini}(D) - \text{Gini}_A(D).$$

例 3.5 考虑例 3.4 泰坦尼克乘客数据.

1. 全部 $n=1309$ 的数据 D 中, 根据变量 survived (809 个 died, 500 个 survived), 有
$$\text{Gini}(D) = 1 - \sum_{i=1}^{J} p_i^2 = 1 - \left(\frac{809}{1309}\right)^2 - \left(\frac{500}{1309}\right)^2 = 0.4721383.$$

2. 考虑变量 sex 来拆分: 只有一种拆分, 即 sex=female (等价于 sex=male).
   (1) 用属性 A: sex=female 来拆分数据为两部分 (另一部分为 sex=male), 则得到

两个数据集 D_1 (有 682 个 died, 161 个 survived) 和 D_2 (有 127 个 died, 339 个 survived), 则

$$\text{Gini}(D_1) = 1 - \left(\frac{127}{127+339}\right)^2 - \left(\frac{339}{127+339}\right)^2 = 0.397.$$

$$\text{Gini}(D_2) = 1 - \left(\frac{682}{682+161}\right)^2 - \left(\frac{161}{682+161}\right)^2 = 0.309.$$

$$\text{Gini}_A(D) = \frac{n_1}{n}\text{Gini}(D_1) + \frac{n_2}{n}\text{Gini}(D_2)$$
$$= \frac{127+339}{1309} \times 0.397 + \frac{682+161}{1309} \times 0.309 = 0.340.$$

(2) 由属性 A (`sex=female`) 来拆分原始数据集所得到的 Gini 增益为:

$$\Delta\text{Gini}(A) = \text{Gini}(D) - \text{Gini}_A(D) = 0.472 - 0.340 = 0.132.$$

3. 考虑变量 pclass 来拆分. 有 3 种拆分: pclass 分别等于 1st, 2nd, 3rd 的为一组, 而剩下的为另一组. 对于有 m 个水平的分类变量, 如果按照水平分成两组, 根据排列组合, 有 $2^{m-1} - 1$ 种分法 (这里是 $2^{3-1} - 1 = 3$ 种), 哪种拆分使得关于因变量 survived 两水平的 Gini 纯度增益最大呢? 图 3.8.4 显示了这 3 种拆分产生的不同的 Gini 增益.

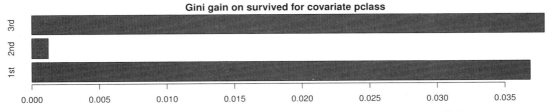

图 3.8.4　例 3.4 泰坦尼克乘客数据用变量 pclass 拆分数据的 Gini 增益

显然, 用属性 A: (`pclass=3rd`) 来拆分原始数据集所得到的 Gini 增益最大. 可依此计算 Gini 增益 $\Delta\text{Gini}(A) = 0.0379$. 实际上我们在生成图 3.8.4 时已经计算了 3 种情况下的 Gini 增益. 生成图 3.8.4 的代码见 3.12.5 节.

4. 考虑连续型变量 age 来拆分. 类似于回归情况, 如果连续型变量有 m 个不同的值, 就有 $m - 1$ 种拆分方式 (对 age 有 $131 - 1 = 130$ 种拆分), 可以计算哪种方式使得 Gini 增益最大. 图 3.8.5 显示了所有可能的 130 个增益. 其中最大的为 A: (`age<5.5`), 有 $\Delta\text{Gini}(A) = 0.00695$, 生成图 3.8.5 的代码见 3.12.5 节.

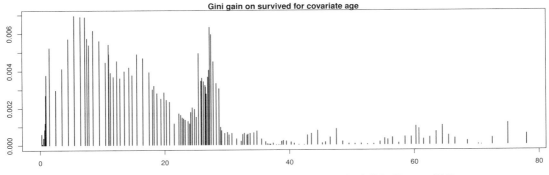

图 3.8.5　例 3.4 泰坦尼克乘客数据用变量 age 拆分数据的 Gini 增益

图 3.8.6 为例 3.4 全部泰坦尼克乘客数据 (决策树根节点) 用 sex, pclass 和 age 分别使 Gini 增益最大的拆分子集的因变量水平比例的示意图. 生成图 3.8.6 的代码见 3.12.5 节.

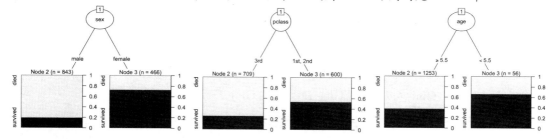

图 3.8.6　例 3.4 泰坦尼克乘客数据用 sex, pclass 和 age 分别使 Gini 增益最大的拆分子集因变量水平比例

显然, 图 3.8.6 左图中的 sex 拆分得到的子集 (因变量) 两水平比例的条形图纯度比右边两图 (分别用 pclass 和 age 拆分) 要高.

3.8.3　用例 3.4 泰坦尼克乘客数据在数值上解释不纯度和拆分变量选择

对于下面的讨论, 请参看例 3.4 泰坦尼克乘客数据的决策树图 (见图 3.6.2). 对于例 3.4, 可以得到各个节点各个自变量最优拆分所得到的 Gini 增益. 图 3.8.7 是根节点各个自变量最优拆分的 Gini 增益条形图. 显然, 在根节点, sex 是首选拆分变量. 图中显示的是 `sex = female`, 这和 `sex = male` 是等价的, 因为变量 sex 拆分节点为 2 个子节点, 必然一个是 `female`, 而另一个是 `male`. 在这次拆分之后, 变量 sex 在所有可能后续节点中都是全纯的 (只有一种性别了), 不可能再成为拆分变量. 比如下面第 3 号节点就没有 sex 参与竞争了 (见图 3.8.8). 生成图 3.8.7 的代码见 3.12.5 节.

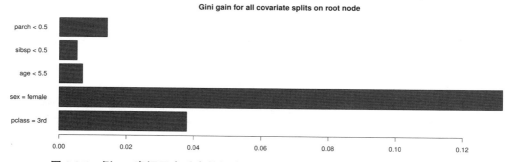

图 3.8.7　例 3.4 泰坦尼克乘客数据决策树根节点各个自变量最优拆分的 Gini 增益

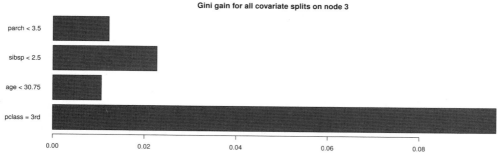

图 3.8.8　例 3.4 泰坦尼克乘客数据决策树第 3 号节点各个自变量最优拆分的 Gini 增益

图 3.8.8 是第 3 号节点各个自变量最优拆分的 Gini 增益条形图, 这里不会有 sex, 因为其只有 female 一种类别, 没有资格拆分了. 显然, 在第 3 号节点, 首选拆分属性 (变量和变量的范围) 为 pclass = 3rd, 即按照 pclass 是否等于 3rd 水平来拆分, 满足该条件的观测值分到左边子节点, 其余不等于 3rd 水平的分到右边子节点, 生成图 3.8.8 的代码见 3.12.5 节.

3.8.4 决策树分类的变量重要性

R 程序包 rpart 的同名决策树拟合函数 rpart 的结果中包含决策树分类的各个变量的重要性, 名为 $variable.importance. 某变量的重要性是其作为拆分变量 (及可能的替代拆分变量) 在各节点使数据变纯的能力的总和. 各个变量的重要性之和调整到 100, 并省略任何比例小于 1% 的变量. 下面通过例 3.4 泰坦尼克乘客数据的决策树分类来说明 (见图 3.8.9).

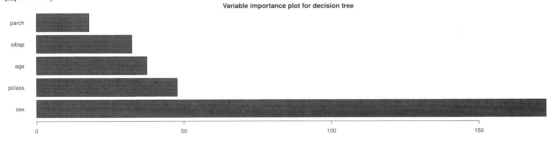

图 3.8.9　例 3.4 泰坦尼克乘客数据的决策树分类的变量重要性图

生成图 3.8.9 的 R 代码为:

```
w=read.csv('titanicF.csv',stringsAsFactors = TRUE)
rpart(survived~.,w)$variable.importance %>%
  barplot(horiz = TRUE,col=4,las=1,
          main = "Variable importance plot for decision tree")
```

3.9　通过例子对两种分类方法进行总结

这里使用例 1.5 欺诈竞标数据, 根据自变量对因变量 Class 学习出 Logistic 及决策树分类模型. 这里的因变量 Class 有两个哑元水平 0 和 1, 其中 0 代表正常行为, 1 代表欺诈行为. 在建模之前必须把它标识成因子形式. 下面是读入数据、标识 Class 并输入可能使用的程序包的 R 代码:

```
w=read.csv("Bidding.csv")[,-(1:3)]
w$Class=factor(w$Class)
library(rpart.plot);library(tidyverse)
```

3.9.1　用全部数据训练模型

为了熟悉诸如建模、预测等基本代码及相应的输出, 首先用全部数据训练模型. 自然, 在判断模型优劣时, 必须使用交叉验证.

首先进行 Logistic 回归, 对全部数据做分类.

```
bs_logit=glm(Class~.,w,family=binomial)
```

如果好奇, 可输出系数估计:

```
> bs_logit$coefficients
        (Intercept)     Bidder_Tendency        Bidding_Ratio Successive_Outbidding
        -10.7810734           0.9467095            0.9376723            10.5494031
        Last_Bidding         Auction_Bids Starting_Price_Average        Early_Bidding
          1.0878356           0.3600729             0.1774035           -0.8365802
       Winning_Ratio     Auction_Duration
          5.3946403           0.1017955
```

展示这些系数并没有什么意义, 除非想要手工来计算. 一般的软件输出包含传统数理统计中对系数及拟合的各种显著性检验及一些度量, 但是这些在纯粹主观假定下的做法没有多大的实际意义. 模型优劣必须用交叉验证来判断.

下面展示 Logistic 回归对训练集分类结果的混淆矩阵及误判率:

```
pr_logit=predict(bs_logit,w,type="response")%>%">"(.,0.5)%>%ifelse(.,1,0)
table(w$Class,pr_logit);mean(w$Class!=pr_logit)
```

输出的混淆矩阵及误判率 (2.29%) 为:

```
   pr_logit
       0    1
  0 5562   84
  1   61  614
[1] 0.02293941
```

下面用决策树拟合全部数据, 得到打印输出及决策树图 (见图 3.9.1).

```
(bs_tree=rpart(Class~.,w));rpart.plot(bs_tree)
```

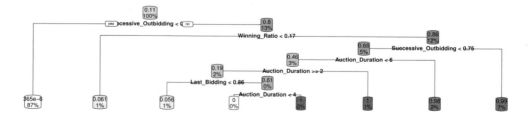

图 3.9.1　例 1.5 欺诈竞标数据的决策树分类

输出决策树的打印结果为:

```
n= 6321

node), split, n, loss, yval, (yprob)
      * denotes terminal node
```

```
 1) root 6321 675 0 (0.8932130992 0.1067869008)
   2) Successive_Outbidding< 0.25 5478    2 0 (0.9996349032 0.0003650968) *
   3) Successive_Outbidding>=0.25 843 170 1 (0.2016607355 0.7983392645)
     6) Winning_Ratio< 0.1666667 66    4 0 (0.9393939394 0.0606060606) *
     7) Winning_Ratio>=0.1666667 777 108 1 (0.1389961390 0.8610038610)
      14) Successive_Outbidding< 0.75 322 102 1 (0.3167701863 0.6832298137)
        28) Auction_Duration< 6 177   81 0 (0.5423728814 0.4576271186)
          56) Auction_Duration>=2 118   22 0 (0.8135593220 0.1864406780)
           112) Last_Bidding< 0.8573299 90    5 0 (0.9444444444 0.0555555556) *
           113) Last_Bidding>=0.8573299 28   11 1 (0.3928571429 0.6071428571)
             226) Auction_Duration< 4 11    0 0 (1.0000000000 0.0000000000) *
             227) Auction_Duration>=4 17    0 1 (0.0000000000 1.0000000000) *
          57) Auction_Duration< 2 59    0 1 (0.0000000000 1.0000000000) *
        29) Auction_Duration>=6 145    6 1 (0.0413793103 0.9586206897) *
      15) Successive_Outbidding>=0.75 455    6 1 (0.0131868132 0.9868131868) *
```

下面展示决策树对训练集分类的混淆矩阵及误判率:

```
pr_tree=predict(bs_tree,w,type="class")
table(w$Class,pr_tree);mean(w$Class!=pr_tree)
```

输出的混淆矩阵及误判率 (0.36%) 为:

```
   pr_tree
       0    1
 0  5634   12
 1    11  664
[1] 0.003638665
```

这个误判率还不到 Logistic 回归的 1/6, 但这是训练集的误判率, 还应该以交叉验证的结果为准.

3.9.2 对新数据做预测

给出关于 9 个自变量的 2 个观测值的新数据, 并利用前面拟合出来的两个模型根据新数据对因变量做预测:

```
newdata=c(0.03, 0.16,   0, 0.86, 0, 0.99, 0.36,   0.0, 7,
0.17, 0.04, 1, 0.04, 0.49, 0, 0.82, 0.7, 5) %>%
matrix(nrow=2,by=TRUE) %>% data.frame()
names(newdata)=names(w)[-10]
predict(bs_logit,newdata,type="response")%>%">"(.,0.5)%>%ifelse(.,1,0)
predict(bs_tree,newdata,type="class")
```

预测的两个因变量值的结果都是 0 和 1. 由于不知道真实的因变量, 因此无法判断是否误判.

3.9.3 交叉验证

如同回归,下面用比较简单的代码显示 10 折交叉验证的过程,结果显示在表 3.9.1 和图 3.9.2 中. 显然在各折中及总体上,Logistic 回归模型的交叉验证的误判率远远高于决策树的误判率,相差很多倍.

表 3.9.1 例 1.5 欺诈竞标数据 Logistic 回归模型和决策树分类的 10 折交叉验证的误判率

折号	1	2	3	4	5	6	7	8	9	10
Logistic 回归	0.025	0.033	0.030	0.021	0.024	0.016	0.017	0.019	0.029	0.032
决策树	0.003	0.003	0.005	0.013	0.008	0.005	0.003	0.002	0.002	0.003

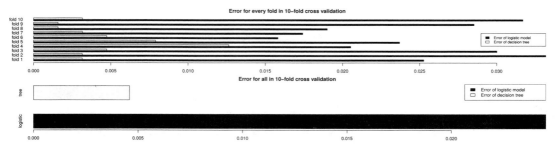

图 3.9.2 例 1.5 欺诈竞标数据 Logistic 回归模型和决策树分类的 10 折交叉验证的误判率

下面是生成表 3.9.1 数据和绘制图 3.9.2 的 R 代码,每一步都有解释.

```r
library(tidyverse)
library(rpart.plot)
w=read.csv("Bidding.csv")[,-(1:3)];
w$Class=factor(w$Class)
n=nrow(w); Z=10; D=10 # n=样本量, Z=折数, D=因变量列号
mm=Fold(Z=10,w=w,D=10,seed=1010) #划分10折使得每折因变量水平比例类似
pred_logit=factor(sample(0:1,n,rep=TRUE))->pred_tree # 准备空向量以存储预测结果
pred=NULL # 准备分别存储各折预测结果
f=formula(Class~.) # 回归的公式
for (i in 1:Z) { # 10 次交叉验证
  m=mm[[i]] # 第i折的下标集 w[-m,]为训练集, w[m,]为测试集
  pred_logit[m]=glm(f,w[-m,],family=binomial) %>%
    predict(w[m,],type = "response") %>% ">"(.,0.5) %>% ifelse(.,1,0)
  pred_tree[m]=rpart(f,w[-m,]) %>% predict(.,w[m,],type="class") #决策树交叉预测
  er_logit=mean(w[m,D]!=pred_logit[m]) # 第i折logit模型误判率
  er_tree=mean(w[m,D]!=pred_tree[m]) # 第i折决策树误判率
  pred=rbind(pred,c(er_logit,er_tree)) # 各折预测放到一起
}
ERROR=c(mean(w[,D]!=pred_logit),mean(w[,D]!=pred_tree)) # 总误判率
names(ERROR)=c("logistic","tree") # 命名

par(mar=c(3,4,2,2))
LG=c("Error of logistic model","Error of decision tree") # 图例用字
layout(c(1,1,1,2,2)) # 上下两张图
barplot(t(pred),beside = T,col=c("blue", "yellow"),
        las=1,horiz=TRUE,names.arg=paste("fold",1:10)) # 上图为各折误判率
legend('right',LG,fill = c("blue", "yellow"),cex=.8) #图例
title('Error for every fold in 10-fold cross validation') # 标题
```

```
par(mar=c(2,4,2,2))
barplot(t(ERROR),beside = T,col=c("blue", "yellow"),horiz = TRUE)#下图
legend('topright',LG,fill = c("blue", "yellow")) # 图例
title('Error for all in 10-fold cross validation') #标题
```

3.10 多分类问题

3.10.1 例子及描述

因变量的水平多于 2 个的分类问题是前面介绍的简单 Logistic 回归不易解决的问题.[1] 但决策树及其他机器学习方法很适合解决这种多分类问题, 我们在这里仅通过例子做简单介绍.

例 3.6 皮肤病数据 (原数据为 dermatology.data, 填补缺失值后的数据为 derm.csv) 该数据的维数为 366×35, 也就是说, 数据涉及 366 个红斑鳞状细胞疾病 (erythemato-squamous diseases) 患者的数据, 包含一个称为因变量或响应变量的目标变量 (皮肤病类型) 及 34 个自变量或预测变量, 其中有 32 个有序变量, 1 个数量变量 (age (年龄)), 1 个定性变量 (family history (家族史)). 数据自变量中属于临床属性的有 12 个, 属于组织病理学属性的有 22 个.

该数据用于鉴别红斑鳞状细胞疾病的具体类型. 有监督学习的目的是建立模型, 然后利用这 34 个自变量判定因变量属于表 3.10.1 中 6 种类型中的哪一种, 这就是该数据的因变量, 名为 class (类型, 一共 6 个水平, 用哑元表示为 1, 2, 3, 4, 5, 6), 简称 V35.

表 3.10.1 因变量红斑鳞状细胞疾病的 6 种类型的名称

红斑鳞状细胞疾病类型		在数据中的个数
英文	中文	
psoriasis	牛皮癣	112
seboreic dermatitis	脂溢性皮炎	61
lichen planus	扁平苔藓	72
pityriasis rosea	玫瑰糠疹	49
cronic dermatitis	慢性皮炎	52
pityriasis rubra pilaris	毛孔性红糠疹	20

红斑鳞状细胞疾病的鉴别诊断是皮肤病学中的一个问题. 它们都具有红斑和鳞屑的临床特征, 差异很小. 通常, 活组织检查对于诊断是必需的. 这些疾病也具有许多组织病理学特征. 鉴别诊断的另一个困难是疾病可能在开始阶段显示另一类疾病的特征, 并且也可能具有后面阶段的特征. 对患者首先在临床上评估了 12 个特征, 这些特征中除了 age (年龄) 及 family history (家族史, 0 表示没有, 1 表示有) 之外, 用 0, 1, 2, 3 打分, 分别表示不存在这个特征 (0) 及严重性 (1, 2, 3), 然后采集皮肤样品, 通过在显微镜下的分析来确定 22 个组织病理学属性的值 (也取值 0,1,2,3). 例 3.6 的数据[2], 缺失值是用问号 "?" 标识的.

例 3.6 皮肤病数据的变量太多, 而且几乎都是分类变量, 我们在图 3.10.1 中显示部分自变量和因变量的马赛克图. 生成图 3.10.1 的 R 代码见 3.12.6 节.

---

[1]实际上, Logistic 回归方法在实践中也可用于多分类问题, 但 R 软件的 glm 函数实现不了.
[2]https://api.openml.org/d/35.

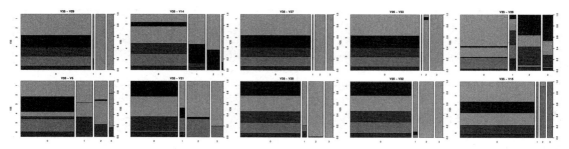

图 3.10.1　例 3.6 皮肤病数据部分自变量和因变量的马赛克图

3.10.2 决策树分类

使用下面的代码输出决策树并生成图形 (见图 3.10.2), 输出混淆矩阵及训练集的误判率. 图形及输出和二分类相似, 只不过每个节点有 6 个类别的观测值在这个节点的各种信息. 虽然书中看不出来颜色 (但可看出色调), 7 个叶节点有 6 种颜色, 每种颜色代表一种皮肤病类型的预测 (有 2 个叶节点的预测一样, 因此颜色相同).

```
library(tidyr)
library(rpart.plot)
w=read.csv("derm.csv")
for (i in (1:ncol(w))[-34])
  w[,i]=factor(w[,i])
(derm_tree=rpart(V35~.,w))
derm_tree %>% rpart.plot(extra=1)
dp=predict(derm_tree,w,type="class")
table(w$V35,dp)
mean(w$V35!=dp)
```

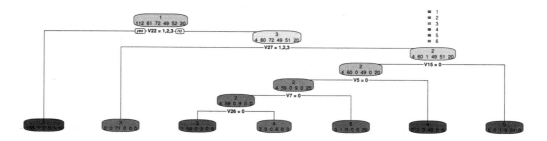

图 3.10.2　例 3.6 皮肤病数据决策树分类图

决策树的输出结果为:

```
n= 366

node), split, n, loss, yval, (yprob)
      * denotes terminal node
```

```
 1) root 366 254 1 (0.31 0.17 0.2 0.13 0.14 0.055)
   2) V22=1,2,3 110    2 1 (0.98 0.0091 0 0 0.0091 0) *
   3) V22=0 256 184 3 (0.016 0.23 0.28 0.19 0.2 0.078)
     6) V27=1,2,3 71    0 3 (0 0 1 0 0 0) *
     7) V27=0 185 125 2 (0.022 0.32 0.0054 0.26 0.28 0.11)
      14) V15=0 133    73 2 (0.03 0.45 0 0.37 0 0.15)
        28) V5=0 92    33 2 (0.043 0.64 0 0.098 0 0.22)
          56) V7=0 71    13 2 (0.056 0.82 0 0.13 0 0)
           112) V26=0 62     4 2 (0.016 0.94 0 0.048 0 0) *
           113) V26=1,2,3 9     3 4 (0.33 0 0 0.67 0 0) *
          57) V7=1,2,3 21    1 6 (0 0.048 0 0 0 0.95) *
        29) V5=1,2,3 41    1 4 (0 0.024 0 0.98 0 0) *
      15) V15=1,2,3 52    1 5 (0 0 0.019 0 0.98 0) *
```

混淆矩阵和对训练集的误判率为:

```
     dp
        1   2   3   4   5   6
   1 108   1   0   3   0   0
   2   1  58   0   1   0   1
   3   0   0  71   0   1   0
   4   0   3   0  46   0   0
   5   1   0   0   0  51   0
   6   0   0   0   0   0  20
[1] 0.03278689
```

3.10.3 决策树分类的变量重要性

下面生成例 3.6 皮肤病数据决策树分类的变量重要性图 (见图 3.10.3).

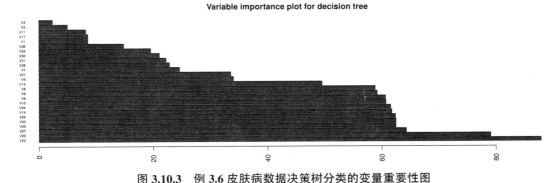

图 3.10.3　例 3.6 皮肤病数据决策树分类的变量重要性图

```
library(tidyr)
rpart(V35~.,w)$variable.importance %>%
  barplot(horiz = TRUE, col=4, las=2, cex.names = .5,
```

```
                main = "Variable importance plot for decision tree")
```

3.10.4 一些机器学习模型的交叉验证比较

为了将决策树和后面将要介绍的基于决策树的几种组合算法做比较, 这些组合算法使用多棵决策树, 精度相比单棵决策树大大增加, 下面对各种方法做例 3.6 皮肤病数据分类的交叉验证. 用来比较的方法包括决策树、随机森林 (RF)、AdaBoost 和 bagging. 这 4 种方法对例 3.6 皮肤病数据分类的 10 折交叉验证的误判率结果显示在图 3.10.4 中. 从图 3.10.4 中可以看出, 对例 3.6 皮肤病数据分类最好的是随机森林, 其次为 AdaBoost 和 bagging, 最差的是决策树. 这说明单棵决策树不如其他 3 种方法.

计算 4 种方法交叉验证的误判率和生成图 3.10.4 的 R 代码为:

```
Z=10;D=35
mm=Fold(Z,w,D,1010)
Pr=w[,rep(35,4)]
names(Pr)=c('rf','boost','tree','bagging')
library(adabag);library(ipred);library(randomForest)
for(i in 1:Z){
  Pr$rf[mm[[i]]]=
    randomForest(V35~.,w[-mm[[i]],])%>%
    predict(w[mm[[i]],])
  Pr$boost[mm[[i]]]=
    adabag::boosting(V35~.,w[-mm[[i]],])%>%
    predict.boosting(w[mm[[i]],]) %>% .$class
  Pr$tree[mm[[i]]]=
    rpart(V35~.,w[-mm[[i]],])%>%
    predict(w[mm[[i]],],type="class")
  Pr$bagging[mm[[i]]]=
    ipred::bagging(V35~.,w[-mm[[i]],])%>%
    predict(w[mm[[i]],])
}
w %>% dim
err=apply(sweep(Pr,1,w$V35,"!="),2,mean)
NN=c("RF","adaboost","tree","bagging")
EE=data.frame(Model=NN,Error=unname(err))
ggplot(EE, aes(x=Model, y=Error)) +
  geom_bar(stat="identity", width=.5, fill="navyblue") +
  labs(title=paste("Error rates for", length(NN), "Methods"),
       xlab='Method') +
  geom_text(aes(label=round(Error,4)), hjust=c(rep(1,4)),
            color=c(rep("white",4)), size=5)+
  theme(axis.text.x = element_text(angle=65, vjust=0.6))+
  coord_flip()
```

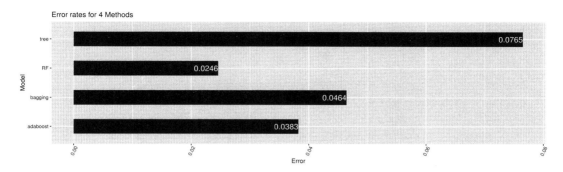

图 3.10.4 对例 3.6 皮肤病数据用 4 种方法分类的 10 折交叉验证的误判率

这 4 种方法的交叉验证的误判率 (对应于图 3.10.4) 和混淆矩阵为:

```
CV error for RF = 0.02459016
CV confusion matrix for RF :
    1   2   3   4   5   6
1 112   0   0   0   0   0
2   1  57   0   3   0   0
3   0   0  72   0   0   0
4   0   5   0  44   0   0
5   0   0   0   0  52   0
6   0   0   0   0   0  20

CV error for adaboost = 0.03825137
CV confusion matrix for adaboost :
    1   2   3   4   5   6
1 112   0   0   0   0   0
2   1  53   1   4   0   2
3   0   0  70   0   2   0
4   0   3   0  46   0   0
5   0   0   0   0  52   0
6   0   1   0   0   0  19

CV error for tree = 0.07650273
CV confusion matrix for tree :
    1   2   3   4   5   6
1 106   5   0   1   0   0
2   1  56   1   1   0   2
3   0   0  68   3   1   0
4   0   5   0  44   0   0
5   4   0   0   0  48   0
6   0   3   1   0   0  16

CV error for bagging = 0.04644809
```

```
CV confusion matrix for bagging :
    1   2   3   4   5   6
1 111   1   0   0   0   0
2   1  55   1   3   0   1
3   0   0  70   1   1   0
4   0   4   0  45   0   0
5   2   0   0   0  50   0
6   1   1   0   0   0  18
```

生成上述输出的 R 代码为:

```
for(i in 1:ncol(Pr)){
  cat("\nCV error for",NN[i],"=",mean(w$V35!=Pr[,i]),"\n")
  cat("CV confusion matrix for",NN[i],":")
  print(table(w$V35,Pr[,i]))
}
```

3.11 习 题

1. 对数据的初等描述,无论数字还是图形,对于有监督学习有什么益处及局限性?
2. 请考虑下面有监督学习的问题:
   (1) 有监督学习的"监督"和"学习"有什么意义?
   (2) 描述有监督学习的全过程. 有监督学习产生了什么?
   (3) 有监督学习与计算机下棋、机器人及人工智能的关系是怎样的?
3. 请考虑下面关于回归及分类的问题:
   (1) 回归与分类有什么区别?
   (2) 为什么最小二乘线性回归只能做回归而不能做分类, 但决策树却可以既做回归又做分类?
   (3) 决策树与最小二乘线性回归的根本区别.
4. 请考虑下面关于最小二乘线性回归的问题:
   (1) 最小二乘线性回归中最主要的主观数学假定是什么?
   (2) 最小二乘线性回归中的主观人工选择是什么? 有没有其他选择?
   (3) 为什么在最小二乘线性回归中, 分类自变量需要哑元化 (至少在幕后程序中)?
   (4) 为什么在最小二乘线性回归中, 分类自变量哑元化后需要删除某哑元变量 (至少在底层程序中)?
   (5) 使用最小二乘线性回归模型求预测值时, 是否需要对数据做关于分布的假定?
   (6) 多重 (多自变量) 最小二乘线性回归的系数在什么条件下才有某种解释意义?
   (7) 对于大小没有意义的系数做各种检验有没有意义?
5. 关于预测精度及交叉验证, 考虑下面的问题:
   (1) 是不是对训练集的预测精度越高 (拟合越好), 模型越好?
   (2) 是不是对训练集的预测精度比对测试集的预测精度高, 就是过拟合?

(3) 对训练集的预测精度比对测试集的预测精度高是自然的, 对吗?

(4) 交叉验证的目的是什么? 如果不用交叉验证, 有没有其他方法来比较有监督学习模型的预测精度?

(5) 使用不同测试集做交叉验证的结果一般不会相同, 这能说明交叉验证没有用吗?

(6) 交叉验证的折数越多, 是不是训练集相对于测试集的比例越大?

(7) 请根据自己的数据处理经验, 对交叉验证的实践给出自己的看法或建议.

6. 关于决策树, 请考虑下面的问题:

(1) 有人认为决策树是黑匣子, 是不是这样? 请讨论.

(2) 决策树在做分类和回归时有什么相同和不同之处?

(3) 在使用决策树做有监督学习时的一个要点是把数据变纯. 最小二乘线性回归是否也一样? 形式有什么不同?

(4) 为什么在决策树有监督学习中, 增加一些常数 (或只有一个水平的) 自变量不会对结果产生影响?

(5) 决策树有很多层及很多节点, 为什么在各个节点拆分变量及用来拆分的属性会不断变化?

(6) 决策树的每个节点的本质是什么?

(7) 有些观测值会不会在两个叶节点同时出现?

(8) 不同的决策树叶节点的预测值可能相同吗? 讨论例 3.3 乙醇燃烧数据用单自变量 E 对 NOx 做回归及例 3.1 服装业生产率数据用随意选择的一些自变量对 act_prod 做分类.

7. 关于 Logistic 回归, 请考虑下列问题:

(1) Logistic 回归作为有监督学习模型, 属于回归还是分类?

(2) Logistic 回归做了哪些数学假定? 这些数学假定可以验证吗?

(3) 有人把 Logistic 回归模型表述成下面的形式:

$$\log\left(\frac{p_i}{1-p_i}\right) = \beta_0 + \beta_1 x_{i1} + \cdots + \beta_k x_{ik} + \varepsilon_i, \ i = 1, 2, \ldots, n.$$

这种表述有没有问题? 为什么?

(4) 多自变量的 Logistic 回归的单独系数有没有可解释性? 为什么?

(5) 在选择阈值上, 有没有统一的标准?

8. 请上网查询关于 ROC (receiver operating characteristic curve, 接受者操作特征曲线) 及 AUC (area under the ROC curve) 的资料, 并理解其意义. 回答下列问题:

(1) ROC 及 AUC 能够给出阈值的确切答案吗?

(2) 理想的和糟糕的 ROC 各有什么特征?

(3) "天天预报有地震就不会漏报" "把每个检查身体的人都判为有病的就不会耽误患者" 这些说法合适吗? 为什么?

(4) 对于一般的多分类问题, 有相应的 ROC 吗?

3.12 附录: 正文中没有的 R 代码

3.12.1 3.2节的代码

生成图 3.2.6 的 R 代码为:

```
par(mfrow=c(1,3))
# 零模型
plot(act_prod~aim_prod,w2)
title(paste('Nought model\n',"SSE = ",round(mse(w2[,1])$tss,4),',',
            "MSE = ",round(mse(w2[,1])$mse,4)))
abline(h=mean(w2[,1]),lwd=3,col=3)

#线性回归
plot(act_prod~aim_prod,w2)
a=lm(act_prod~.,w2)
abline(a,lwd=4,col=3)
title(paste('Linear regression\n',"SSE = ",round(SSE(a,w=w2)$sse,4),',',
            "MSE = ",round(SSE(a,w=w2)$mse,4)))
# 决策树回归
b=rpart(act_prod~.,w2)
bb=c(0.625,0.725)
bbb=c(min(w2[,2])-0.1,bb,max(w2[,2])+0.1)
seq=vector();int=list();q=1:length(bbb)
for (i in 1:(length(q)-1)){
  int[[i]] =(1:nrow(w2))[w2[,2]<bbb[i+1]&w2[,2]>bbb[i]]
  seq[i]=mean(w2[,1][int[[i]]])}
plot(act_prod~aim_prod,w2)
title(paste('Decision tree\n',"SSE = ",round(SSE(b,w=w2)$sse,4),',',
            "MSE = ",round(SSE(b,w=w2)$mse,4)))
abline(v=bb,lty=2,lwd=4,col=4)
segments(bbb[q[-6]],seq[q],bbb[q[-1]],seq[q],col=3,lwd=4)

# 上面使用了下面的函数:
SSE=function(a,D=1,w){
  sse=sum((w[,D]-predict(a,w))^2)
  return(list(sse=sse,mse=sse/nrow(w)))
}
mse=function(x){
  tss=sum((x-mean(x))^2)
  mse=mean((x-mean(x))^2)
  return(list(tss=tss,mse=mse))
}
```

生成图 3.2.7 的 R 代码为:

```
n=nrow(w2);s=1:n
x=sort(w2[,2]);y=w2[order(w2[,2]),1]
plot(act_prod~aim_prod,w2)
title(expression(paste('Segments "regression": MSE = SSE = 0, ',R^2==1)),
      cex=1.5,col=4)
segments(x[s[-n]],y[s[-n]],x[s[-1]],y[s[-1]],col = 3,lwd=4)
```

图 3.2.8 是用下面的 R 代码生成的,这里使用了自编交叉验证回归函数 (默认 10 折交叉验证) CVR:

```
(a=lm(act_prod~aim_prod,w2))
(b=rpart(act_prod~aim_prod,w2))
af=lm(act_prod~.,w[,-1])
bf=rpart(act_prod~.,w[,-1])
(tr_cv=CVR(w[,-1],D=14,seed=1010)$nm)  # 0.6028351
(lm_cv=CVR(w[,-1],D=14,fun=lm,seed=1010)$nm) #0.712153
(tr_tr=mean((w$act_prod-predict(bf,w[,-1]))^2)/mse(w[,15])$mse)#0.448442
(lm_tr=1-summary(af)$r.sq)#0.6704612
(tr_cv2=CVR(w2,seed=1010)$nm)  # 0.6028351
(lm_cv2=CVR(w2,fun=lm,seed=1010)$nm)  #0.712153
(tr_tr2=mean((w2$act_prod-predict(b,w2))^2)/mse(w2[,1])$mse)#0.448442
(lm_tr2=1-summary(a)$r.sq)#0.6704612
par(mar=c(4,4,2,1))
mat=matrix(c(tr_tr2,tr_cv2,tr_tr,tr_cv,
             lm_tr2,lm_cv2,lm_tr,lm_cv),nr=2,by=T)
barplot(t(mat), beside=T,
        col=c("red","yellow","green","blue"),horiz=TRUE,
        names.arg=c('Tree','Linear'),xlim = c(0,1.05))
legend("bottomright",
       c("One covariate: training set",
         "One covariate: cross validation",
         "13 covariates: training set",
         "13 covariates: cross validation"), pch=15,
       col=c("red","yellow","green","blue"),
       bty="n")
title('NMSE for decision tree and linear model fitting training and testing sets')
#这里使用了下面的函数:
CVR=function(w,D=1,Z=10,fun=rpart,seed=NULL){
  if (is.numeric(seed)) set.seed(seed)
  n=nrow(w)
  I=sample(rep(1:Z,ceiling(n/Z)))[1:n]
  pred=rep(999,n)
  f=formula(paste(names(w)[D],"~."))
  for (i in 1:Z) {
    m=(I==i)
    pred[m]=fun(f,data=w[!m,]) %>% predict(w[m,])
  }
  M=sum((w[,D]-mean(w[,D]))^2)
  nmse=sum((w[,D]-pred)^2)/M
  return(list(pred=pred,nmse=nmse))
}
```

```
mse=function(x){
  tss=sum((x-mean(x))^2)
  mse=mean((x-mean(x))^2)
  return(list(tss=tss,mse=mse))
}
```

3.12.2　3.3 节的代码

生成图 3.3.5 的 R 代码为：

```
Mcoef=function(w,D){
  nm=names(w)[-D]
  M=ncol(w)-1
  fo=list()
  for(i in 1:M)  fo[[i]]=formula(paste(names(w)[D],"~",nm[i],"-1"))
  sbeta=vector()
  for(i in 1:M)   sbeta[i]=lm(fo[[i]],w)$coef
  ff=formula(paste(names(w)[D],"~.-1"))
  mbeta=lm(ff,w)$coef
  b=data.frame(sbeta,mbeta)
  row.names(b)=nm
  barplot(t(b),beside = T,col = 1:2,las=2,cex.names = 1,horiz = T)
  t1="Coefficient comparison between multiple and univariate regression "
  t2="without constant term"
  title(paste(t1,t2))
  legend("topright",c("Coefficients of univariate regression",
  "Coefficients of multiple regression"),fill = c("black", "red"))
}
w[,-(1:5)] %>% summary()
par(mar=c(2.5,5,2,2))
Mcoef(w[,-(1:5)],D=10)
```

3.12.3　3.4 节的代码

生成图 3.4.2 的 R 代码为：

```
w=read.csv('garmentsF.csv',stringsAsFactors = TRUE)[,-1]
w[,4]=factor(w[,4]);
mse=function(x){
  tss=sum((x-mean(x))^2)
  mse=mean((x-mean(x))^2)
  return(list(tss=tss,mse=mse))}
#w=read.csv('pure.csv')  #D=14;I=5
spl=function(w,D=14,I=5,plt=FALSE){   #D=因变量列号，I=拆分变量列号
  #输出纯度增益，分割点，最大增益分割点id
```

```
    x=w[,I];y=w[,D];n=nrow(w)
    P=mse(y)$tss;ux=sort(unique(x))
    x0=ux[-length(ux)]+diff(ux)/2
    Ig=NULL
    for (k in x0){
      Ig=c(Ig,P-(mse(y[x<k])$tss+mse(y[x>k])$tss))
    }
    if (plt){
      plot(Ig~x0,type='l',ylab=expression(Delta~I(A)) ,main='Purity gain',
           xlab=expression(x[0]))}
    return(list(Ig=Ig,x0=x0,id=which(Ig==max(Ig))))
}
r1=spl(w,D=14,I=5)
splkit=function(w,r,D=14,I=5){ #分割点左右两点的id及值
    x1=max(w[,I][w[,I]<(r$x0[r$id])])
    x2=min(w[,I][w[,I]>(r$x0[r$id])])
    id1=which(w[,I]==x1)
    id2=which(w[,I]==x2)
    return(c(id1=max(id1),x1=x1,id2=min(id2),x2=x2))
}

(sk=splkit(w,r1,D=14,I=5))

#全部数据点图
par(mar=c(4,4,2.5,2))
plot(r1$Ig~r1$x0,type='l',xlab='aim_prod',ylab=expression(Delta~I(A)))
points(r1$Ig~r1$x0,pch=16)
title(paste('Purity gain for full data with', length(r1$x0),
            'split points\n','maximum is between aim_prod =',
            round(sk[2],4),'and aim_prod =',round(sk[4],4)))
abline(v=r1$x0[r1$id],lty=2,col=4,lwd=3)
text(0.68,.5,paste("split point =", r1$x0[r1$id]),col=4)
```

生成图 3.4.3 的 R 代码为:

```
#对于数量w[,D]求最大纯度增益函数，I是自变量
SplitC=function(w,D=1,I=2){
  N=NULL;M=length(levels(w[,I]))
  if (M==2) N=list(levels(w[,I])[1])   else{
  if (M%%2==0){
    for(i in 1:(floor(M/2)-1)) {
      L=lapply(data.frame(combn(1:M,i)),function(x) levels(w[,I])[x])
      N=append(N,L)
    }
```

```r
      com=combn(1:M,floor(M/2))
      com=com[,1:(ncol(com)/2)]
      N=append(N,lapply(data.frame(com),function(x) levels(w[,I])[x]))
    }else{
      for(i in 1:floor(M/2)) {
        L=lapply(data.frame(combn(1:M,i)),function(x) levels(w[,I])[x])
        N=append(N,L)
      }
    } }
    return(unname(N))
}
#数量拆分变量所有可能的分割点
SplitN=function(w,D=14,I=5){
  #D=因变量列号，I=拆分变量列号
  #输出分割点下标
  x=w[,I];n=nrow(w);ux=sort(unique(x))
  x0=ux[-length(ux)]+diff(ux)/2
  return(x0)
}

PGain=function(w,D=14,I=5){
  Num = is.numeric(w[,I])
  n=nrow(w)
  y=w[,D]
  if (Num) {
    x=w[,I]
    P=mse(y)$tss;ux=sort(unique(x))
    x0=ux[-length(ux)]+diff(ux)/2
    Ig=NULL
    for (k in x0){
      Ig=c(Ig,P-(mse(y[x<k])$tss+mse(y[x>k])$tss))
    }
    id=which(Ig==max(Ig))
    return(list(max(Ig),x0[id]))} else{
      N=SplitC(w,I=I)
      P=mse(y)$tss
      Ig=NULL
      for (i in 1:length(N)){
        set1=(1:n)[is.element(w[,I],N[[i]])]
        set2=(1:n)[!is.element(w[,I],N[[i]])]
        Ig=c(Ig,P-(mse(y[set1])$tss+mse(y[set2])$tss))
      }
      id=which(Ig==max(Ig))
      return(list(max(Ig),N[[id]]))
```

```
    }
}
GG=NULL
for (i in 1:13){
  GG=rbind(GG,c(i,PGain(w,D=14,I=i)[[1]]))
}
GG2=data.frame(t(GG[,2]))
names(GG2)=names(w)[GG[,1]]
barplot(as.matrix(GG2),horiz = TRUE,las=2,col=4)
title('Purity gain for 13 covariates')
```

生成图 3.4.4 的 R 代码为:

```
cd=(w[,5]<0.725&w[,5]>0.625&w[,7]>743.5) #节点11的条件
GG=NULL
for (i in 1:13){
  GG=rbind(GG,c(i,PGain(w[cd,],D=14,I=i)[[1]]))
}
GG2=data.frame(t(GG[,2]))
names(GG2)=names(w)[GG[,1]]
par(mar=c(2,5,2,2))
barplot(as.matrix(GG2),horiz = TRUE,las=1,col=4)
title('Purity gain for 13 covariates on node 11')
```

3.12.4　3.6 节的代码

```
# 自编函数:
Fold=function(Z=5,w,D,seed=7777){
  n=nrow(w);d=1:n;dd=list()
  w[,D]=factor(w[,D])
  e=levels(w[,D]);T=length(e)#因变量有T类
  set.seed(seed)
  for(i in 1:T){ #i=1
    d0=d[w[,D]==e[i]];j=length(d0)
    ZT=rep(1:Z,ceiling(j/Z))[1:j]
    id=cbind(sample(ZT,length(ZT)),d0);dd[[i]]=id
  } #上面的每个dd[[i]]是随机1:Z及i类的下标集组成的矩阵
  mm=list()
  for(i in 1:Z){
    u=NULL;
    for(j in 1:T) u=c(u,dd[[j]][dd[[j]][,1]==i,2])
    mm[[i]]=u
```

```r
  } #mm[[i]]为第i(i=1,...,Z)个下标集
  return(mm)
}#输出Z个下标集
CVC=function(w,D=5,Z=10,fun=rpart::rpart,seed=NULL){
  if (is.numeric(seed)) set.seed(seed) else seed=8888
  n=nrow(w)
  mm=Fold(Z=Z,w=w,D=D,seed=seed)
  pred=sample(w[,D])
  f=formula(paste(names(w)[D],"~."))
  for (i in 1:Z) {
    m=mm[[i]]
    if (identical(fun,glm)){
      pred[m]=fun(f,w[-m,],family=binomial) %>%
        predict(w[m,],type="response") %>%
        ">"(.,0.5) %>% ifelse(levels(w[,D])[2],levels(w[,D])[1])
    } else if (identical(fun,adabag::boosting)|identical(fun,MASS::lda)){
      pred[m]=fun(f,w[-m,])%>%predict(.,w[m,]) %>% .$class
    } else if (identical(fun,rpart::rpart)) {
      pred[m]=fun(f,w[-m,]) %>% predict(.,w[m,],type="class")
    } else
      pred[m]=fun(f,w[-m,]) %>% predict(w[m,])
  }
  return(list(pred=pred,error=mean(w[,D]!=pred),cfm=table(w[,D],pred)))
}
```

3.12.5　3.8节的代码

生成图 3.8.1 的 R 代码为:

```r
fit_tree=rpart(survived~.,w)
Leaf=data.frame(node=fit_tree$where,y=w$survived)
TL=NULL
for (i in unique(Leaf[,1])){
  TL=rbind(TL,c(i,table(Leaf[Leaf[,1]==i,2])))
}
TL=rbind(c(1,table(w$survived)),TL)
barplot(t(TL[,-1]),names.arg = TL[,1],col=c(7,4),horiz = TRUE,
        ylab="node number")
legend("topright",colnames(TL)[-1],fill=c(7,4))
title("The distribution of levels at root and terminal nodes")
```

生成图 3.8.2 的 R 代码为:

```
w1=w
w1$pclass12=w1$pclass
levels(w1$pclass12)[1:2]=rep("1st&2nd",2)
w1$pclass13=w1$pclass
levels(w1$pclass13)[c(1,3)]=rep("1st&3rd",2)
w1$pclass23=w1$pclass
levels(w1$pclass23)[2:3]=rep("2nd&3rd",2)
layout(matrix(c(1,1,1,2,2,2,3,3,4,4,5,5),nrow=2,by=T))
for(i in c(3,1,7:9))
table(w1[,c(i,2)]) %>% mosaicplot(color=c(7,4),main="")
```

生成图 3.8.3 的 R 代码为:

```
gini=function(x){1-(x^2+(1-x)^2)}
entropy=function(x){-(x*log2(x)+(1-x)*log2(1-x))}
CE=function(x){1-ifelse(x>.5,x,1-x)}
fun=list(gini,entropy,CE)
for(i in 1:3)
  curve(fun[[i]](x),0,1,add = i>1,ylim=0:1,lty=i,col=i,lwd=3)
legend("bottom", c("Gini impurity","Information entropy",
       "Classification error"),lty=1:3,col=1:3,lwd = 3)
title("Three impurity measures")
```

生成图 3.8.4 的 R 代码为:

```
w=read.csv('titanicF.csv',stringsAsFactors = TRUE)
Pclass=GGain(w,2,1)
barplot(Pclass$Gain,horiz = TRUE,col=4,names.arg = unclass(Pclass$N))
title("Gini gain on survived for covariate pclass")
# 所用的函数:
GGain=function(w,D,I){
  if (is.numeric(w[,I])) {
    return(GiniGainN(w,D,I))} else{
    return(GiniGain(w,D,I))
  }
}
# 数量自变量
GiniGainN=function(w,D,I){
  n=nrow(w);G=1-sum(prop.table(table(w[,D]))^2)
  x=w[,I];y=w[,D];ux=sort(unique(x))
  x0=ux[-length(ux)]+diff(ux)/2
  Gain=NULL
  for (k in x0){
    tb=table(w[w[,I]<k,D])
```

```r
    n1=sum(tb)
    tb2=table(w[w[,I]>k,D])
    n2=sum(tb2)
    G1=(n1*(1-sum(prop.table(tb)^2))+n2*(1-sum(prop.table(tb2)^2)))/n
    Gain=c(Gain, G-G1)
  }
  return(list(Gain=Gain,N=x0,MaxG=max(Gain),
              ID=x0[which(Gain==max(Gain))]))
}

# 分类自变量
GiniGain=function(w,D,I){#D=2;I=3
  n=nrow(w);G=1-sum(prop.table(table(w[,D]))^2)
  M=length(levels(w[,I]))
  if (M==2){
    tb=table(w[w[,I]==levels(w[,I])[1],D])
    n1=sum(tb)
    tb2=table(w[w[,I]==levels(w[,I])[2],D])
    n2=sum(tb2)
    G1=(n1*(1-sum(prop.table(tb)^2))+n2*(1-sum(prop.table(tb2)^2)))/n
    Gain=G-G1
    N=levels(w[,I])[1]
    return(list(Gain=Gain,N=N,MaxG=Gain,ID=N))
  }
  N=NULL
  if (M%%2==0){
    for(i in 1:(floor(M/2)-1)) {
      L=lapply(data.frame(combn(1:M,i)),function(x) levels(w[,I])[x])
      N=append(N,L)
    }
    com=combn(1:M,floor(M/2))
    com=com[,1:(ncol(com)/2)]
    N=append(N,lapply(data.frame(com),function(x) levels(w[,I])[x]))
  }else if(M%%2!=0){
    for(i in 1:floor(M/2)) {
      L=lapply(data.frame(combn(1:M,i)),function(x) levels(w[,I])[x])
      N=append(N,L)
    }
  }
  N=unname(N)
  Gain=NULL
  for (i in 1:length(N)){
    tb=table(w[is.element(w[,I],N[[i]]),D])
    n1=sum(tb)
```

```
    tb2=table(w[!is.element(w[,I],N[[i]]),D)
    n2=sum(tb2)
    G1=(n1*(1-sum(prop.table(tb)^2))+n2*(1-sum(prop.table(tb2)^2)))/n
    Gain=c(Gain, G-G1)
  }
  return(list(Gain=Gain,N=N,MaxG=max(Gain),
              ID=N[[which(Gain==max(Gain))]]))
}
```

生成图 3.8.5 的 R 代码为:

```
Agg=GGain(w,2,4)
plot(Agg$Gain~Agg$N,type='h',lwd=1.5)
title("Gini gain on survived for covariate age")
```

生成图 3.8.6 的 R 代码为:

```
library(party)
library(partykit)
library(rpart.plot)
g1=rpart(survived~sex,w,maxdepth = 1)    %>% as.party()
g2=rpart(survived~pclass,w,maxdepth = 1) %>% as.party()
g3=rpart(survived~age,w,maxdepth = 1)    %>% as.party()
Gplot=function(g){plot(g, type = "simple",
  terminal_panel = node_barplot(g,
  col = "black", fill = c("blue","yellow"), width = 0.5, id = TRUE))}
Gplot(g1);Gplot(g2);Gplot(g3)
```

生成图 3.8.7 的 R 代码为:

```
ni=(1:ncol(w))[-2]
G=NULL;arg=NULL
for (i in ni){
  GG=GGain(w,2,i)
  G=c(G,GG$M)
  arg=c(arg,paste(names(w)[i],ifelse(is.numeric(w[,i]),"<","="),GG$I))
}
barplot(G,horiz = TRUE,col=4,names.arg =arg ,las=1)
title("Gini gain for all covariate splits on root node")
```

生成图 3.8.8 的 R 代码为:

```
ni=(1:ncol(w))[-(2:3)]
G=NULL;arg=NULL
for (i in ni){
```

```
    GG=GGain(w[w[,3]=="female",],2,i)
    G=c(G,GG$M)
    arg=c(arg,paste(names(w)[i],ifelse(is.numeric(w[,i]),"<","="),GG$I))
}
par(mar=c(2,6,2,2))
barplot(G,horiz = TRUE,col=4,names.arg =arg ,las=1)
title("Gini gain for all covariate splits on node 3")
```

3.12.6 3.10 节的代码

生成图 3.10.1 的 R 代码为:

```
w=read.csv("derm.csv")
for (i in (1:ncol(w))[-34])w[,i]=factor(w[,i])
par(mfrow=c(2,5))
n10=c("V29", "V14", "V27", "V33", "V28", "V5",
      "V21", "V20","V22", "V15")
for(i in n10) {
  f=formula(paste("V35~",i))
  plot(f,w,col=2:10)
  title(paste("V35 ~",i),cex=0.3)}
```

3.13 附录: 本章的 Python 代码

3.13.1 3.2 节的 Python 代码

读入数据.

```
from sklearn.tree import DecisionTreeRegressor,DecisionTreeClassifier
from sklearn.linear_model import LinearRegression
from sklearn import tree
import graphviz
w=pd.read_csv("garmentsF.csv").iloc[:,1:]
w.team=w.team.astype("category")
```

也可以绘制类似于图 3.2.1 那样的成对图, 但不易看清. 下面生成 9 个数量自变量与因变量的散点图 (见图 3.13.1).

```
plt.figure(figsize=(32,8))
for i in range(4):
    plt.subplot(2,4,i+1)
    plt.scatter(w.iloc[:,i+4],w["act_prod"])
    plt.title("act_prod ~"+w.columns[i+4])
for i in range(5):
```

```
plt.subplot(2,5,i+6)
plt.scatter(w.iloc[:,i+8],w["act_prod"])
plt.title("act_prod ~"+w.columns[i+8])
```

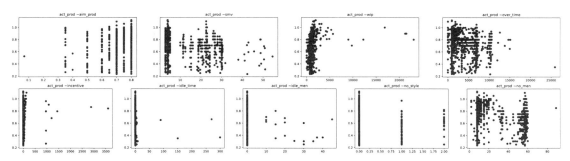

图 3.13.1 例 3.1 服装业生产率数据 9 个数量自变量与因变量的散点图

计算各个数量自变量与因变量 act_prod 的线性相关系数并画出相应的条形图 (见图 3.13.2).

```
cor=[]
from scipy.stats import pearsonr
for i in range(4,13):
    cor.append(pearsonr(w.iloc[:,i],w["act_prod"])[0])

plt.figure(figsize=(16,4))
plt.barh(w.columns[range(4,13)],width=cor)
plt.title('Linear correlation of 9 variables with act_prod')
```

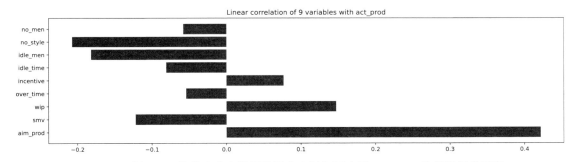

图 3.13.2 例 3.1 服装业生产率数据数量自变量与因变量 act_prod 的线性相关系数

通过盒形图看分类自变量和样本量之间的关系 (见图 3.13.3).

```
plt.figure(figsize=(28,7))
for i in range(4):
    plt.subplot(2,2,i+1)
    sns.boxplot(x="act_prod", y=w.columns[i], data=w)
    plt.title("act_prod ~"+w.columns[i])
```

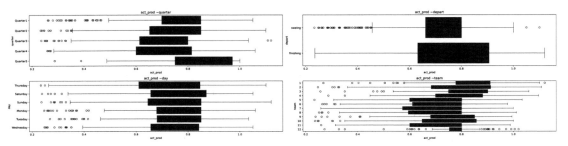

图 3.13.3　例 3.1 服装业生产率数据分类自变量与因变量 act_prod 的盒形图

下面的 Python 代码计算例 3.1 服装业生产率数据因变量的 SSE 和 MSE:

```python
def sse(y):
    sse=np.sum((y-np.mean(y))**2)
    mse=sse/len(y)
    return sse,mse
sse(w.act_prod)
```

输出为:

```
(36.413450051440435, 0.030420593192514982)
```

下面的 Python 代码计算例 3.1 服装业生产率数据因变量对自变量 aim_prod 的简单线性回归的参数估计:

```python
from sklearn.linear_model import LinearRegression
x=np.array(w["aim_prod"]).reshape(-1,1)
y=w["act_prod"]
ols=LinearRegression()
ols.fit(x,y)
ols.intercept_,ols.coef_
```

输出为:

```
(0.18678743833419265, array([0.7514793]))
```

下面的 Python 代码生成决策树 (见图 3.13.4), 注意: 它把数据分成 4 个子集 (和 R 不同).

```python
w['team']=w['team'].astype('object')
X=pd.get_dummies(w[w.columns[1:-1]])
y=w['act_prod']
reg = DecisionTreeRegressor(random_state=0,max_depth=2)
x=np.array(X["aim_prod"]).reshape(-1,1)
reg=reg.fit(x,y)
fig = plt.figure(figsize=(32,8))
tree.plot_tree(reg, feature_names=['aim_prod'], class_names=True)
```

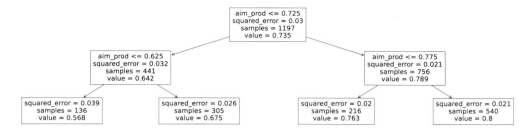

图 3.13.4　例 3.1 服装业生产率数据决策树回归图

下面的 Python 代码生成了例 3.1 服装业生产率数据的 3 种拟合尝试 (见图 3.13.5), 这里利用了前面代码中生成的简单线性回归的结果.

```
from matplotlib.collections import LineCollection
lines=[[(0,0.568),(0.625,0.568)],
       [(0.625,0.675),(0.725,0.675)],
       [(0.725,0.763),(0.775,0.763)],
       [(0.775,0.8),(1,0.8)]]

lc = LineCollection(lines, linewidths=(2,2,2,2),
                    colors=("green","green","green","green"))
fig,ax=plt.subplots(1,3,figsize=(30,6))
ax[0].scatter(x,y)
ax[0].axhline(y=np.mean(y), color='r', linestyle='-')
ax[0].set_title("Nought model\nSSE = 36.4135 , MSE = 0.0304")
ax[1].scatter(x,y)
z=np.linspace(0,1,50)        # from 1 to 10, by 50
ax[1].plot(z, ols.coef_*z + ols.intercept_,"r-")
ax[1].set_title("Linear regression\nSSE = 29.9413 , MSE = 0.025")
ax[2].scatter(x,y)
ax[2].axvline(x=0.725, color='r', linestyle='-')
ax[2].axvline(x=0.625, color='r', linestyle='-')
ax[2].axvline(x=0.775, color='r', linestyle='-')
ax[2].add_collection(lc)
ax[2].set_title("Decision tree\nSSE = 29.2717 , MSE = 0.0245")
```

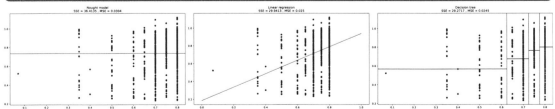

图 3.13.5　例 3.1 服装业生产率数据的 3 种拟合尝试

下面的 Python 代码重复了图 3.2.7, 但这里生成的图 3.13.6 又有所不同, 这是因为有很多重复的横坐标变量, 排序时前后次序可以互换.

```
x1=np.sort(np.array(w["aim_prod"]))
y1=np.array(w["act_prod"])[np.argsort(np.array(w["aim_prod"]))]
lines=[[(x1[0],y1[0]),(x1[1],y1[1])]]
for i in range(1,len(x1)-1):
    lines.append([(x1[i],y1[i]),(x1[i+1],y1[i+1])])

lc = mc.LineCollection(lines, linewidths=(2,2,2,2),
                        colors=("green"))

fig, ax = plt.subplots(figsize=(20,5))
ax.scatter(x1,y1)
ax.add_collection(lc)
ax.set_title('Segments "regression": MSE = SSE =0, $R^2=1$')
ax.set_xlabel("aim_prod")
ax.set_ylabel("act_prod")
```

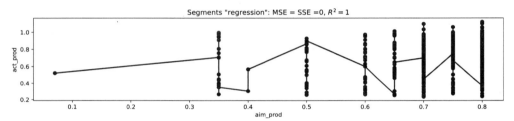

图 3.13.6　线段"回归"的完美拟合图

函数 CVR 是为回归交叉验证编写的.

```
def CVR(reg,X,y,Z=10,seed=1010):
    np.random.seed(seed)
    m=np.random.choice(np.repeat(np.arange(Z),np.ceil(len(y)/Z)),
                        len(y),replace=False)
    p0=np.ones(len(y));pcv=np.ones(len(y))
    p0=reg.fit(X,y).predict(X)
    NMSE0=np.sum((p0-y)**2)/np.sum((np.mean(y)-y)**2)
    for i in range(Z):
        pcv[m==i]=reg.fit(X[m!=i],y[m!=i]).predict(X[m==i])
    NMSEcv=np.sum((pcv-y)**2)/np.sum((np.mean(y)-y)**2)
    return pd.DataFrame({"CV":["Train","Test"],"NMSE": [NMSE0,NMSEcv]})
```

计算交叉验证、组织结果并生成图 3.13.7.

```
Tree = DecisionTreeRegressor(random_state=0,max_depth=4)
Ols = LinearRegression()
```

```
df=CVR(Tree,X,y)
df=df._append(CVR(Ols,X,y), ignore_index=True)
df=df._append(CVR(Tree,x,y), ignore_index=True)
df=df._append(CVR(Ols,x,y), ignore_index=True)
df["Method"]=pd.Series(("Tree","Tree","OLS","OLS","Tree","Tree",
                        "OLS","OLS"), index=df.index)
df["Variate"]=pd.Series(np.concatenate((np.repeat("13 variates",4),
                        np.repeat("one variate",4))), index=df.index)
df["Label"] =df["CV"]+" for "+df["Variate"]

df.pivot(index='Method',columns=["CV", "Label"],values=['NMSE'])\
.plot(kind='barh',figsize=(20,5))
plt.legend(loc='right')
title="NMSE for decision tree and linear model"
title=title+" fitting training and testing sets"
plt.title(title)
plt.show()
```

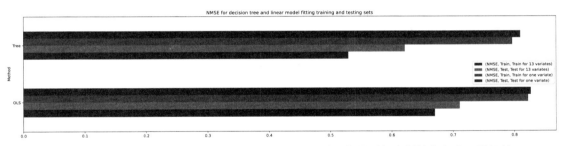

图 3.13.7 例 3.1 服装业生产率数据用决策树及最小二乘线性回归模型拟合训练集和交叉验证的 NMSE

3.13.2　3.3 节的 Python 代码

```
v=pd.read_csv("USArrests1.csv")[['Assault', 'UrbanPop', 'Region']]
print(v.tail())
```

输出为:

```
    Assault  UrbanPop Region
45      156        63  South
46      145        73   West
47       81        39  South
48       53        66     MW
49      161        60   West
```

```
vd=pd.get_dummies(v,drop_first=False)
print(vd.tail())
```

输出为

	Assault	UrbanPop	Region_MW	Region_NE	Region_South	Region_West
45	156	63	0	0	1	0
46	145	73	0	0	0	1
47	81	39	0	0	1	0
48	53	66	1	0	0	0
49	161	60	0	0	0	1

和 R 不同, 用 Python 的 sklearn 包中的模型做有监督学习时, 都必须把自变量哑元化, 当然线性回归模型 LinearRegression 也不例外, 在哑元化时, 是否舍弃第一列都没有关系, 回归时, 也可以选择是否需要截距, 任何情况下得到的系数除了形式之外都等价, 对预测也没有影响. 可以试试用下面的 Python 代码查看各种输出 (如果后面系数只有 3 项, 则截距本身算一项):

```
v=pd.read_csv("USArrests1.csv")[['Assault', 'UrbanPop', 'Region']]
print(v.tail())
# 哑元化字符串变量, 不舍弃第一列(默认)
vd=pd.get_dummies(v,drop_first=False)
print(vd.tail())
# 哑元化字符串变量, 舍弃每个哑元化变量组的第一列
vd1=pd.get_dummies(v,drop_first=True)
print(vd1.tail())
# 不舍弃哑元化后第一列的自变量和因变量
VX=vd.iloc[:,2:]
Vy=vd["Assault"]
# 不舍弃哑元化后第一列的自变量和因变量
VX1=vd1.iloc[:,2:]
Vy1=vd1["Assault"]
# 舍弃哑元化后的第一列, 回归包含截距
Ols = LinearRegression(fit_intercept=True)
Ols.fit(VX,Vy)
print(Ols.intercept_,Ols.coef_,Ols.intercept_+Ols.coef_)
# 不舍弃哑元化后的第一列, 回归不要截距
Ols = LinearRegression(fit_intercept=False)
Ols.fit(VX,Vy)
print(Ols.intercept_,Ols.coef_,Ols.intercept_+Ols.coef_)
# 舍弃哑元化后的第一列, 回归包含截距
Ols1 = LinearRegression(fit_intercept=True)
Ols1.fit(VX1,Vy1)
print(Ols1.intercept_,Ols1.coef_,Ols1.intercept_+Ols1.coef_)
```

```
# 舍弃哑元化后的第一列, 回归不要截距
Ols1 = LinearRegression(fit_intercept=False)
Ols1.fit(VX1,Vy1)
print(Ols1.intercept_,Ols1.coef_,Ols1.intercept_+Ols1.coef_)
```

生成图 3.13.8 的 Python 代码为:

```
Ols = LinearRegression(fit_intercept=False)
Ols.fit(VX,Vy)
print(Ols.coef_)
ltype=('-',':','--','-.')
cc=('r','b','g','k')
lab=("MW","NE","South","West")
ll=(-14,4,4,4)
fig,ax =plt.subplots(figsize=(16,4))
plt.scatter(vd['UrbanPop'],Vy)
for k,i in enumerate(Ols.coef_):
    ax.axhline(y=i, c=cc[k],linestyle=ltype[k])
    plt.text(35,i+ll[k],"Region "+lab[k]+" = "+str(i))
ax.legend(lab)
plt.xlabel("UrbanPop")
plt.ylabel("Assault")
plt.title('Regression with one categorical covariate of 4 levels')
```

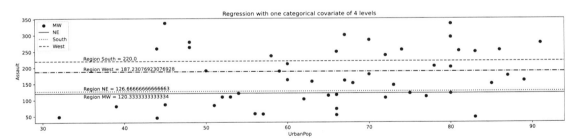

图 3.13.8 例 3.2 美国犯罪数据中因变量 **Assault** 与一个分类自变量 **Region** 的回归

还可以用下面的方式生成哑元化的设计矩阵, 但缺点是结果的矩阵中没有变量的名字:

```
from patsy import dmatrices
y0, X0 = dmatrices('Assault ~ UrbanPop+Region', v);X0[:3,:]
```

生成图 3.13.9 的 Python 代码为:

```
VX2=vd.iloc[:,1:]
Vy=vd["Assault"]
Ols = LinearRegression(fit_intercept=False)
Ols.fit(VX2,Vy)
print(Ols.intercept_,Ols.coef_)
```

```
ltype=('-',':','--','-.')
lab=("MW","NE","South","West")
x=np.linspace(np.min(vd['UrbanPop']),np.max(vd['UrbanPop']),500)
fig,ax =plt.subplots(figsize=(16,4))
for k,i in enumerate(Ols.coef_[1:]):
    plt.scatter(vd['UrbanPop'],Vy)
    plt.plot(x,x*Ols.coef_[0]+i,ls=ltype[k])
ax.legend(lab)
plt.xlabel("UrbanPop")
plt.ylabel("Assault")
plt.title("Regression with one numerical and one categorical covariate of 4 levels")
```

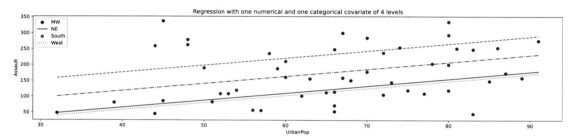

图 3.13.9　例 3.2 美国犯罪数据中因变量 Assault 与一个分类自变量和一个数量自变量的回归

使用前面提到的 `patsy` 的 `dmatrices` 函数可以用和 R 类似的方式得到交互作用的自变量哑元化矩阵, 做有交互作用的回归. 做有交互作用的回归及生成 (类似前面图 3.3.4 的) 图 3.13.10 的 Python 代码为:

```
v=pd.read_csv("USArrests1.csv")[['Assault', 'UrbanPop', 'Region']]
from patsy import dmatrices
y0, X0 = dmatrices('Assault ~ UrbanPop * Region', v)
Ols = LinearRegression(fit_intercept=True)
Ols.fit(X0,y0)
const=Ols.intercept_+Ols.coef_[0][:4]
slope=Ols.coef_[0][4]+np.array([0]+list(Ols.coef_[0][5:]))
ltype=('-',':','--','-.')
lab=("MW","NE","South","West")
x=np.linspace(np.min(vd['UrbanPop']),np.max(vd['UrbanPop']),500)
fig,ax =plt.subplots(figsize=(16,4))
for k in range(4):
    plt.scatter(vd['UrbanPop'],Vy)
    plt.plot(x,x*slope[k]+const[k],ls=ltype[k])
ax.legend(lab)
plt.xlabel("UrbanPop")
plt.ylabel("Assault")
tit="Regression with one numerical interacted"+\
" with one categorical covariate of 4 levels"
```

```
plt.title(tit)
```

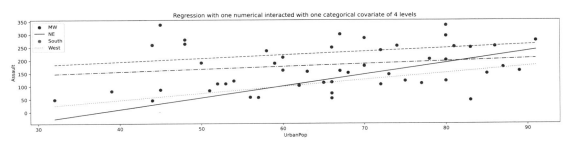

图 3.13.10　例 3.2美国犯罪数据中变量 **Assault** 与含交互作用的一个分类自变量和一个数量自变量的回归

生成图 3.13.11 的 Python 代码为:

```
w1=pd.read_csv("garmentsF.csv").iloc[:,5:]
OLS = LinearRegression(fit_intercept=False)
wc=OLS.fit(w1.iloc[:,:-1],w1.iloc[:,-1])
z1=wc.coef_.reshape(1,-1)[0]
wc2=[]
for i in range(9):
    wc2.append(OLS.fit(np.array(w1.iloc[:,i])[:,np.newaxis],w1.iloc[:,-1]).coef_)
wc2=np.array(wc2)
z2=wc2.reshape(1,-1)[0]
Df=pd.DataFrame(dict(zip(("mult","uni"),(z1,z2))))
Df.index=w1.columns[:-1]
Df.plot(kind='barh',figsize=(16,4))
plt.legend(loc='right',labels=("coefficients of univariate regression",
        "coefficients of multivariate regression"))
title="Coefficient comparison between multiple "
title=title+"and univariate regression without constant term"
plt.title(title)
plt.show()
```

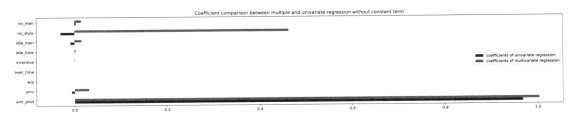

图 3.13.11　例 3.1 服装业生产率数据的线性回归系数在单自变量及多自变量回归中的对比

3.13.3　3.4 节的 Python 代码

Python 中 sklearn.tree 的决策树模型 DecisionTreeRegressor 和 R 中决策树模型 rpart 不太相同, 降低不纯度除了使用默认的 MSE 之外, 还有若干其他选择, 对于拆分也有所不同. 而默认的 max_depth=None 意味着决策树尽量生长到所有终节点都是纯的或者所有终节点样本量少于 min_samples_split 为止. 此外, 由于分类变量的哑元化,

自变量增加了很多 (从 13 个增加到 34 个), 这里的各种结果和 R 生成的很不一样. 生成图 3.13.12 的 Python 代码为:

```
reg = DecisionTreeRegressor(random_state=0,max_depth=7)
reg=reg.fit(X,y)

dot_data=tree.export_graphviz(reg,out_file=None,
                feature_names = X.columns,rounded=True, filled=True)
graph = graphviz.Source(dot_data)
graph.render("/Users/wuxizhi/XWU/BasicStat/images/GTpy2")#输出pdf图文件
graph
```

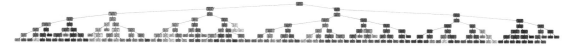

图 3.13.12　例 3.1 服装业生产率数据回归的决策树图

图 3.13.12 中的节点太多, 减少层数到 max_depth=4, 输出图 3.13.13.

图 3.13.13　例 3.1 服装业生产率数据回归的决策树图 (减少层次后)

生成图 3.13.14 以描述例 3.1 服装业生产率的全部数据根据变量 aim_prod 的各种分割的纯度增益, 目的是寻找使不纯度最小的分割点, 相应的 Python 代码为:

```
w=pd.read_csv("garmentsF.csv").iloc[:,1:]
w['team']=w["team"].astype("category")
X=pd.get_dummies(w.iloc[:,:-1],drop_first=False)
y=w["act_prod"]
def Mse(x):
    tss=np.sum((x-np.mean(x))**2)
    mse=tss/len(x)
    return({'tss':tss,'mse':mse})

def spl(X,y,I):
    x=X.iloc[:,I];n=X.shape[0]
    P=Mse(y)['tss'];ux=np.sort(np.unique(x))
    x0=ux[:-1]+np.diff(ux)/2
    Ig=[]
    for k in x0:
        Ig.append(P-(Mse(y[x<k])['tss']+Mse(y[x>k])['tss']))
        idd=np.argmax(Ig)
    return Ig,x0,idd
```

```
r=spl(X,y,0)

def which(self):
    try:
        self = list(iter(self))
    except TypeError as e:
        raise Exception(""""'which' method can only be applied to iterables.
        {}""".format(str(e)))
    indices = [i for i, x in enumerate(self) if bool(x) == True]
    return(indices)

def splkit(X,y,r,I):
    x=X.iloc[:,0]
    x1=np.max(x[x<r[1][r[2]]])
    x2=np.min(x[x>r[1][r[2]]])
    id1=np.max(which(x==x1))
    id2=np.min(which(x==x2))
    return id1,x1,id2,x2

sk=splkit(X,y,r,0)

#全部数据点图
plt.figure(figsize=(16,4))
plt.plot(r[1],r[0])
plt.xlabel('aim_prod')
plt.ylabel('$\Delta\sim I(A)$')
plt.scatter(r[1],r[0])
plt.axvline(x=r[1][r[2]],color='r', linestyle=':')
plt.title('Purity gain for full data with '+str(len(r[1]))+' split points\n'+
          'maximum is between aim_prod ='+str(np.round(sk[1]))+
          'and aim_prod ='+str(np.round(sk[3],4)))
plt.text(0.68,.5,"split point ="+str(r[1][r[2]]),color="blue")
```

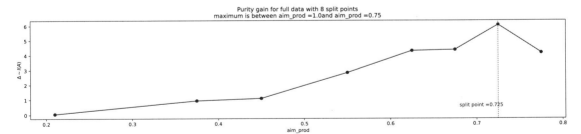

图 3.13.14　例 3.1 服装业生产率的全部数据根据变量 **aim_prod** 的各种分割的纯度增益

生成图 3.13.15 的 Python 代码为:

```
def PGain(X,y,I=0):
    n=X.shape[0]
    x=X.iloc[:,I]
    P=Mse(y)['tss']
    ux=np.sort(np.unique(x))
```

```
        x0=ux[:-1]+np.diff(ux)/2
        Ig=[]
        for k in x0:
            Ig.append(P-(Mse(y[x<k])['tss']+Mse(y[x>k])['tss']))
            idd=np.argmax(Ig)
        return np.max(Ig),x0[idd]


GG=[]
for i in range(X.shape[1]):
    GG.append([i,PGain(X,y,i)[0]])

GG2=pd.DataFrame(GG)
GG2.columns=("ID","IG")
GG2.index=X.columns

GG2["IG"].plot(kind='barh',figsize=(16,4),fontsize=7)
plt.title('Purity gain for 34 covariates')
```

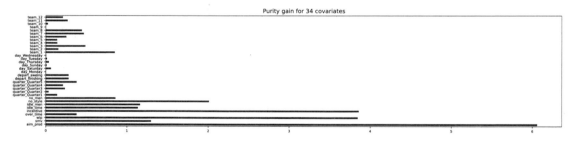

图 3.13.15 例 3.1 服装业生产率数据决策树回归在根节点所有 34 个变量的最优纯度增益

其他节点的最优纯度增益条形图类似, 不再重复.

下面的 Python 代码可以生成决策树回归中各个变量的重要性图 (见图 3.13.16).

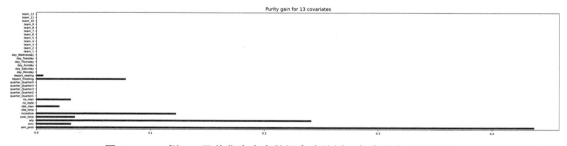

图 3.13.16 例 3.1 服装业生产率数据在决策树回归中的变量重要性图

```
reg = DecisionTreeRegressor(random_state=0,max_depth=4)
reg=reg.fit(X,y)
DD=pd.DataFrame(reg.feature_importances_.reshape(-1,1))
```

```
DD.index=X.columns
DD.plot(kind='barh',figsize=(20,5),fontsize=7,legend=False)
plt.title('Purity gain for 13 covariates')
```

3.13.4 3.5 节的 Python 代码

生成图 3.13.17 的 Python 代码为:

```
w=pd.read_csv('ethanol.csv')
fig=plt.figure(figsize=(16,4))
plt.subplot(121)
sns.scatterplot(data=w, x="E", y="NOx")
plt.subplot(222)
sns.scatterplot(data=w, x="C", y="NOx")
plt.subplot(224)
sns.boxplot(x="C",y='NOx',orient="v",data=w)
```

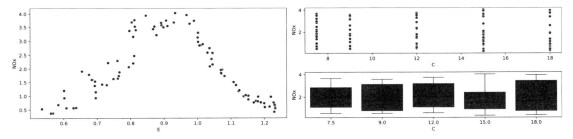

图 3.13.17 例 3.3 乙醇燃烧数据两个自变量和因变量的点图

下面是用全部数据训练线性回归模型的结果:

```
X=w.iloc[:,1:];y=w['NOx']
Lm=LinearRegression()
Lm.fit(X,y)
Lm.intercept_,Lm.coef_
```

```
(2.5591005097589545, array([-0.00710904, -0.55713684]))
```

生成图 3.13.18 的 Python 代码为:

```
Tree=DecisionTreeRegressor(random_state=0,max_depth=4)
Tree.fit(X,y)

dot_data=tree.export_graphviz(Tree,out_file=None,
            feature_names = X.columns,rounded=True, filled=True)
graph = graphviz.Source(dot_data)
```

```
graph.render("/Users/wuxizhi/XWU/BasicStat/images/ethtreefpy")
graph
```

图 3.13.18　例 3.3 乙醇燃烧数据的决策树回归

对新数据做预测比较简单:

```
Lm=LinearRegression()
Lm.fit(X,y)
Tree=DecisionTreeRegressor(random_state=0,max_depth=7)
Tree.fit(X,y)
new_data=np.array([[15,0.7],[8,1.2]])
new_data

Lm.predict(new_data),Tree.predict(new_data)
```

输出为(这里决策树的结果和 R 不一样, 原因是决策树的层数不同):

```
(array([2.06246905, 1.83366394]), array([1.0325, 0.586 ]))
```

下面是生成表 3.5.1 的数据和绘制图 3.13.19 的代码.

```
def CVR2(reg,X,y,Z=10,seed=1010):
    np.random.seed(seed)
    m=np.random.choice(np.repeat(np.arange(Z),
                       np.ceil(len(y)/Z)),len(y),replace=False)
    p0=np.ones(len(y));pcv=np.ones(len(y));fold_err=[]
    p0=reg.fit(X,y).predict(X)
    NMSE0=np.sum((p0-y)**2)/np.sum((np.mean(y)-y)**2)
    for i in range(Z):
        pcv[m==i]=reg.fit(X[m!=i],y[m!=i]).predict(X[m==i])
        fold_err.append(np.sum((pcv[m==i]-y[m==i])**2)/\
        np.sum((np.mean(y[m==i])-y[m==i])**2))
    NMSEcv=np.sum((pcv-y)**2)/np.sum((np.mean(y)-y)**2)
    return pd.DataFrame({"CV":["Train","Test"],
        "NMSE": [NMSE0,NMSEcv]}),fold_err

L_r=CVR2(Lm,X,y);T_r=CVR2(Tree,X,y)
```

```
DF1=pd.Series((L_r[0]['NMSE'][1],T_r[0]['NMSE'][1]))
DF1.index=("NMSE of linear model","NMSE of decision tree")
DF10=pd.DataFrame(dict(zip(("NMSE of linear model",
          "NMSE of decision tree"),(L_r[1],T_r[1]))))
DF10.index=["Fold-"+str(x) for x in np.arange(10)+1]

fig, axes = plt.subplots(nrows=2, ncols=1)
DF10.plot(kind='barh',figsize=(20,5),ax=axes[0],
     title="Each fold of CV NMSE for linear model and decision tree")
DF1.plot(kind='barh',ax=axes[1],color=('r','b'),
     title="CV NMSE for linear model and decision tree")
```

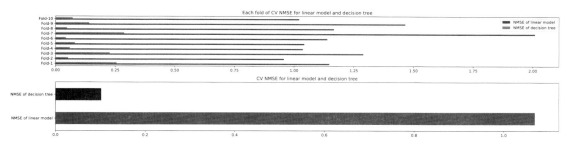

图 3.13.19　例 3.3 乙醇燃烧数据线性回归和决策树回归的 10 折交叉验证 NMSE

3.13.5　3.6 节的 Python 代码

首先生成因变量 survived 及 5 个自变量的关系图 (见图 3.13.20).

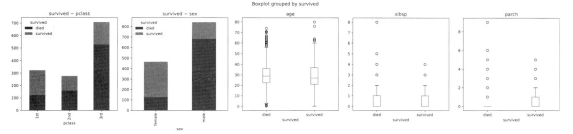

图 3.13.20　例 3.4 泰坦尼克乘客数据因变量 survived 及 5 个自变量的关系图

```
w=pd.read_csv("titanicF.csv")
fig, axes = plt.subplots(nrows=1, ncols=5)
pd.crosstab(w['pclass'],w['survived']).plot(kind="bar",stacked=True,
       figsize=(20,5),ax=axes[0],title="survived ~ pclass")
pd.crosstab(w['sex'],w['survived']).plot(kind="bar",stacked=True,
       ax=axes[1],title="survived ~ sex")
for i in range(3,6):
    w.boxplot(by ='survived', column =w.columns[i], grid = False,
       ax=axes[i-1])
```

对于例 3.4 泰坦尼克乘客数据用 Logistic 回归来分类, 使用下面的 Python 代码:

```
from sklearn.linear_model import LogisticRegression
from sklearn.tree import DecisionTreeClassifier
w=pd.read_csv("titanicF.csv")
X=pd.get_dummies(w[w.columns[w.columns!='survived']],drop_first=False)
y=w['survived']

logit = LogisticRegression(random_state=0).fit(X, y)
logit.coef_,logit.intercept_
```

得到下面的系数估计:

```
(array([[-0.04264258, -0.35956644,  0.00129052,  1.22197338, -0.12141161,
        -1.09701991,  1.27399528, -1.27045342]]),
 array([1.47758866]))
```

为了得到混淆矩阵和误判率, 使用下面的 Python 代码:

```
from sklearn.metrics import confusion_matrix
confusion_matrix(y, logit.predict(X)),np.mean(y!=logit.predict(X))
```

输出为:

```
(array([[687, 122],
        [155, 345]]),
 0.21161191749427044)
```

对于决策树, 为了得到混淆矩阵和误判率, 使用下面的 Python 代码:

```
tclf=DecisionTreeClassifier(max_depth=4).fit(X,y)
confusion_matrix(y, tclf.predict(X)),np.mean(y!=tclf.predict(X))
```

输出为:

```
(array([[720,  89],
        [128, 372]]),
 0.1657754010695187)
```

生成图 3.13.21 的 Python 代码为:

```
dot_data=tree.export_graphviz(tclf,out_file=None,
             feature_names = X.columns,rounded=True, filled=True)
graph = graphviz.Source(dot_data)
graph.render("/Users/wuxizhi/XWU/BasicStat/images/tittreepy")
graph
```

图 3.13.21 例 3.4 泰坦尼克乘客数据的分类决策树

下面计算做 10 折交叉验证对 Logistic 回归和决策树的误判率, 结果展示在图 3.13.22 中.
图 3.13.22 是用下面的 Python 代码生成的 (计算中使用了两个自编函数 Fold 和 ClaCV).

```
def Fold(u,Z=5,seed=1010):
    u = np.array(u).reshape(-1)
    id = np.arange(len(u))
    zid = []; ID = []; np.random.seed(seed)
    for i in np.unique(u):
        n = sum(u==i)
        ID.extend(id[u==i])
        k = (list(range(Z))*int(n/Z+1))[:n]
        np.random.shuffle(k)
        zid.extend(k)
    zid = np.array(zid);ID = np.array(ID)
    zid = zid[np.argsort(ID)]
    return zid
def ClaCV(X,y,CLS, Z=10,seed=8888, trace=True):
    from datetime import datetime
    n=len(y)
    Zid=Fold(y,Z,seed=seed)
    YCPred=dict();
    A=dict()
    for i in CLS:
        if trace: print(i,'\n',datetime.now())
        Y_pred=np.copy(y)
        np.random.shuffle(np.array(Y_pred));
        for j in range(Z):
            clf=CLS[i]
            clf.fit(X[Zid!=j],y[Zid!=j])
            Y_pred[Zid==j]=clf.predict(X[Zid==j])
        YCPred[i]=Y_pred
        A[i]=np.mean(y!=YCPred[i])
    if trace: print(datetime.now())
    R=pd.DataFrame(YCPred)
```

```
    return R, A
w=pd.read_csv("titanicF.csv")
X=pd.get_dummies(w[w.columns[w.columns!='survived']],drop_first=False)
y=w['survived']
CLS=dict(zip(("TreeCL","Logit"),
             (DecisionTreeClassifier(max_depth=4),
              LogisticRegression(random_state=0))))
A=ClaCV(X,y,CLS, Z=10,seed=1010, trace=False)[1]
plt.figure(figsize=(16,4))
pd.Series(A).plot(kind='barh',color=('r','b'),
      title="CV errors for logistic model and decision tree")
```

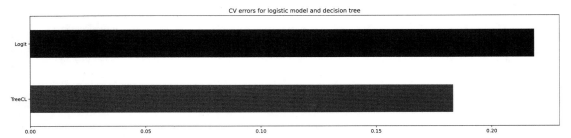

图 3.13.22　例 3.4 泰坦尼克乘客数据两种分类模型的 10 折交叉验证的误判率

3.13.6　3.8 节的 Python 代码

在 Python 中不会自动计算终节点的比例, 因此不能生成图 3.8.1 和图 3.8.2。

生成图 3.13.23 的 Python 代码为:

```
def gini(x):
    return 1-(x**2+(1-x)**2)
def entropy(x):
    return -(x*np.log2(x)+(1-x)*np.log2(1-x))
def CE(x):
    z=np.copy(x)
    z[x>.5]=1-x[x>.5]
    return z

fun=[gini,entropy,CE]
lab=("Gini impurity","Information entropy","Classification error")
plt.figure(figsize=(16,4))
x=np.linspace(.001,.999,1000)
for k,i in enumerate(fun):
    plt.plot(x,i(x), label=lab[k])
    plt.legend()
    plt.title("Three impurity measures")
```

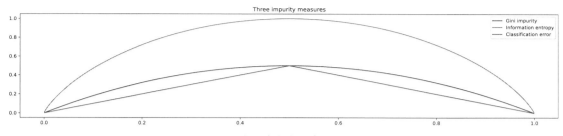

图 3.13.23　三种不纯度定义在 $J=2$ 时的曲线

由于 Python 的分类变量哑元化, 因此不可能得到图 3.8.4 或图 3.8.6 那样的图, 但用下面的 Python 代码可以得到关于连续型变量 age 的图 3.13.24 (类似于前面的图 3.8.5):

```
def GGain(X,y,I=0):
    n=y.shape[0]
    x=X.iloc[:,I]
    G=1-np.sum((np.unique(y, return_counts=True)[1]/len(y))**2)
    ux=np.sort(np.unique(x))
    x0=ux[:-1]+np.diff(ux)/2
    Gain=[]
    for k in x0:
        tb=np.unique(y[x<k],return_counts=True)[1]
        n1=np.sum(tb)
        tb2=np.unique(y[x>k],return_counts=True)[1]
        n2=np.sum(tb2)
        G1=(n1*(1-np.sum((tb/n1)**2))+n2*(1-np.sum((tb2/n2)**2)))/n
        Gain.append(G-G1)
    return {'Gain': Gain,'N':x0,'MaxG': np.max(Gain),
            'ID': x0[np.argmax(Gain)]}
AgeG=GGain(X,y,0)
plt.figure(figsize=(16,4))
plt.bar(AgeG['N'],AgeG['Gain'],width=.3)
plt.title("Gini gain on survived for covariate age")
```

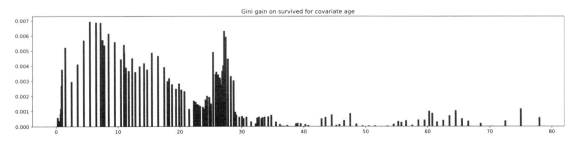

图 3.13.24　例 3.4 泰坦尼克乘客数据用变量 age 拆分数据的 Gini 增益

对于例 3.4 泰坦尼克乘客数据, 可以得到各个节点各个自变量最优拆分所导致的 Gini

增益. 图 3.13.25 是根节点各个自变量最优拆分的 Gini 增益条形图. 生成图 3.13.25 的 Python 代码为:

```
G=[]
for i in range(X.shape[1]):
    G.append(GGain(X,y,i)['MaxG'])
G=dict(zip(X.columns,G))
G.pop('sex_male') # 由于二分类的两类相同, 舍弃一个以避免出现两个相同的条
plt.figure(figsize=(16,4))
pd.Series(G).plot(kind='barh',
       title="Gini gain for all covariate splits on root node")
```

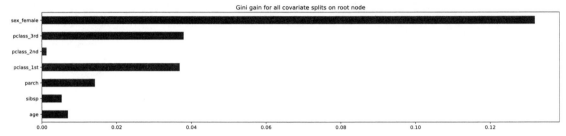

图 3.13.25　例 3.4 泰坦尼克乘客数据决策树根节点各个自变量最优拆分的 Gini 增益

下面通过例 3.4 泰坦尼克乘客数据的决策树分类来说明 (见图 3.13.26). 生成图 3.13.26 的 Python 代码为:

```
w=pd.read_csv("titanicF.csv")
X=pd.get_dummies(w[w.columns[w.columns!='survived']],drop_first=False)
y=w['survived']
tclf=DecisionTreeClassifier(max_depth=4).fit(X,y)
TA=dict(zip(X.columns,tclf.feature_importances_))

plt.figure(figsize=(15,4))
pd.Series(TA).plot(kind='barh',
       title="Variable importance plot for decision tree")
```

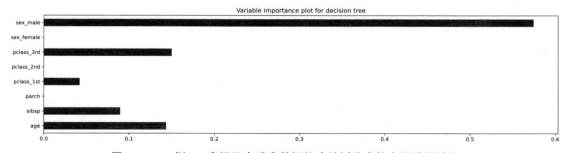

图 3.13.26　例 3.4 泰坦尼克乘客数据的决策树分类的变量重要性图

3.13.7 3.9 节的 Python 代码

```
w=pd.read_csv("Bidding.csv").iloc[:,3:];
X=w.iloc[:,:-1];y=w["Class"].astype('category')

CLS=dict(zip(("TreeCL","Logit"),
             (DecisionTreeClassifier(max_depth=5),
              LogisticRegression(random_state=0))))
```

首先进行 Logistic 回归, 对全部数据做分类并输出系数:

```
CLS["Logit"].fit(X,y)
CLS['Logit'].intercept_,CLS['Logit'].coef_,
```

输出的参数 (没有什么意义) 为:

```
(array([-8.44427118]),
 array([[ 1.01124587, 1.20760721, 8.41297612, 0.6098908 , 0.44703826,
         0.26302979, -0.42092929, 3.68496998, 0.0773897 ]]))
```

下面的 Python 代码生成混淆矩阵和误判率:

```
confusion_matrix(y, CLS["Logit"].predict(X)), np.mean(y!=CLS["Logit"].predict(X))
```

可输出混淆矩阵和误判率:

```
(array([[5572,   74],
        [  72,  603]]),
 0.023097611137478248)
```

下面展示决策树对训练集分类结果的混淆矩阵及误判率:

```
CLS["TreeCL"].fit(X,y)
confusion_matrix(y, CLS["TreeCL"].predict(X)), np.mean(y!=CLS["TreeCL"].predict(X))
```

输出的混淆矩阵及误判率为:

```
(array([[5645,    1],
        [  22,  653]]),
 0.0036386647682328747)
```

下面生成决策树图 (见图 3.13.27):

```
dot_data=tree.export_graphviz(CLS["TreeCL"],out_file=None,
                feature_names = X.columns,rounded=True, filled=True)
graph = graphviz.Source(dot_data)
graph.render("/Users/wuxizhi/XWU/BasicStat/sbtreepy/py")  #输出图到pdf文件
graph
```

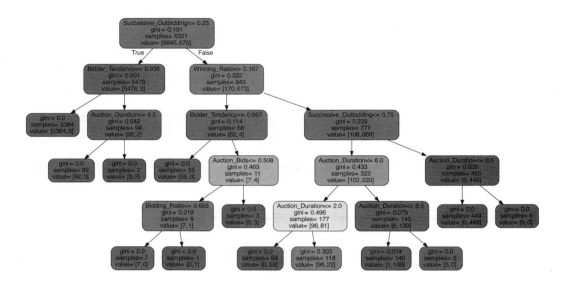

图 3.13.27　例 1.5 欺诈竞标数据的决策树分类

给出关于 9 个自变量的 2 个观测值的新数据,利用前面拟合出来的两个模型对因变量做预测:

```
newdata=np.array([0.03, 0.16,   0, 0.86, 0, 0.99, 0.36,   0.0, 7,
0.17, 0.04, 1, 0.04, 0.49, 0, 0.82, 0.7, 5]).reshape(2,9)

CLS["Logit"].predict(newdata),CLS["TreeCL"].predict(newdata)
```

得到

```
(array([0, 1]), array([0, 1]))
```

生成图 3.13.28 的 Python 代码为:

```
def ClaCV2(X,y,CLS, Z=10,seed=8888, trace=True):
    from datetime import datetime
    n=len(y)
    Zid=Fold(y,Z,seed=seed)
    YCPred=dict();Err=dict()
    A=dict()
    for i in CLS:
        if trace: print(i,'\n',datetime.now())
        Y_pred=np.copy(y)
        err=np.repeat(99.9,Z)
        np.random.shuffle(np.array(Y_pred));
        for j in range(Z):
```

```
                clf=CLS[i]
                clf.fit(X[Zid!=j],y[Zid!=j])
                Y_pred[Zid==j]=clf.predict(X[Zid==j])
                err[j]=np.mean(y[Zid==j]!=Y_pred[Zid==j])
            YCPred[i]=Y_pred
            Err[i]=err
            A[i]=np.mean(y!=YCPred[i])
        if trace: print(datetime.now())
        R=pd.DataFrame(YCPred)
        E10=pd.DataFrame(Err)
        return R, A, E10

w=pd.read_csv("Bidding.csv").iloc[:,3:];
X=w.iloc[:,:-1];y=w["Class"].astype('category')

CLS=dict(zip(("TreeCL","Logit"),
            (DecisionTreeClassifier(max_depth=5),
            LogisticRegression(random_state=0))))

R, A, E=ClaCV2(X,y,CLS, Z=10,seed=1010, trace=False)

E.index=["fold "+str(x) for x in E.index]
fig, axes = plt.subplots(nrows=2, ncols=1)
E.plot(kind='barh',figsize=(20,5),ax=axes[0],
        title="Error for every fold in 10-fold cross validation")
pd.Series(A).plot(kind='barh',ax=axes[1],color=('b','r'),
        title="Error for all in 10-fold cross validation")
```

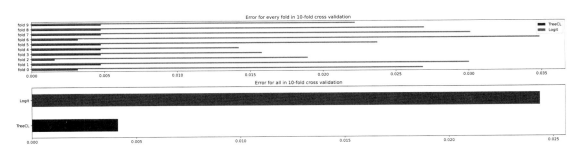

图 3.13.28　例 1.5 欺诈竞标数据 Logistic 回归模型和决策树分类的 10 折交叉验证的误判率

3.13.8　3.10 节的 Python 代码

例 3.6 皮肤病数据变量太多, 而且几乎都是分类变量, 由于自变量哑元化, 最终有 130 个自变量, 这里就不生成类似图 3.10.1 的图了.

使用下面的 Python 代码生成决策树图 3.13.29、混淆矩阵及对训练集的误判率.

```
w=pd.read_csv("derm.csv")
X=w.iloc[:,:-1].astype('category');y=w["V35"].astype('category')
X=pd.get_dummies(X,drop_first=False)

T6=DecisionTreeClassifier(max_depth=6)
T6.fit(X,y)
confusion_matrix(y, T6.predict(X)),np.mean(y!=T6.predict(X))
dot_data=tree.export_graphviz(T6,out_file=None,
                feature_names = X.columns,rounded=True, filled=True)
graph = graphviz.Source(dot_data)
graph.render("/Users/wuxizhi/XWU/BasicStat/images/dermtreepy")
graph
```

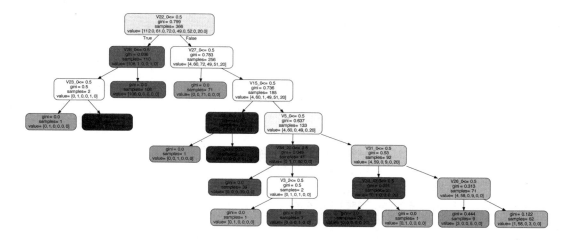

图 3.13.29　例 3.6 皮肤病数据决策树分类图

混淆矩阵和对训练集的误判率为:

```
(array([[108,   1,   0,   3,   0,   0],
       [  0,  61,   0,   0,   0,   0],
       [  0,   0,  72,   0,   0,   0],
       [  0,   3,   0,  46,   0,   0],
       [  0,   0,   0,   0,  52,   0],
       [  0,   0,   0,   0,   0,  20]]),
 0.01912568306010929)
```

下面生成例 3.6 皮肤病数据决策树分类的变量重要性图 (见图 3.13.30).

```
TA6=dict(zip(X.columns,T6.feature_importances_))

plt.figure(figsize=(28,7))
```

```
pd.Series(TA6).plot(kind='bar',
        title="Variable importance for decision tree")
```

图 3.13.30 例 3.6 皮肤病数据决策树分类的变量重要性图

为了将决策树和后面将要介绍的基于决策树的几种组合算法做比较, 组合算法使用多棵决策树, 精度相比单棵决策树大大增加, 这里对各种方法做例 3.6 皮肤病数据分类的交叉验证. 用来比较的方法除了决策树外还包括随机森林 (RF)、AdaBoost 和 bagging. 这 4 种方法对例 3.6 皮肤病数据分类的 10 折交叉验证的误判率结果显示在图 3.13.31 中.

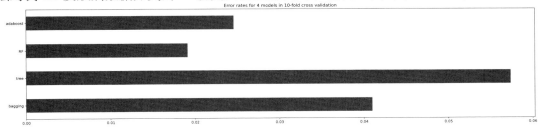

图 3.13.31 例 3.6 皮肤病数据对 4 种方法分类的 10 折交叉验证的误判率

计算上面 4 种方法交叉验证的误判率和生成图 3.13.31 所用的 Python 代码为 (包括输出这 4 种方法的交叉验证的误判率及混淆矩阵):

```
from sklearn.ensemble import RandomForestClassifier, AdaBoostClassifier,\
BaggingClassifier
Clf=dict(zip(('bagging','tree','RF','adaboost') ,
        (BaggingClassifier(n_estimators=100,random_state=1010),
         DecisionTreeClassifier(max_depth=6,random_state=0),
         RandomForestClassifier(n_estimators=500,random_state=0),
         AdaBoostClassifier(DecisionTreeClassifier(max_depth=6)))))
R3, A3, E3=ClaCV2(X,y,Clf, Z=10,seed=1010, trace=True)

pd.Series(A3).plot(kind='barh',figsize=(20,5),
        title="Error rates for 4 models in 10-fold cross validation")
# 打印
for i in R3.columns:
    print(i+' model error rate='+str(A3[i])+\
```

```
'\nConfusion matrix for model '+i+'\n',pd.crosstab(y,R3[i]))
```

输出为:

```
Bagging model error rate=0.040983606557377046
Confusion matrix for model Bagging
 Bagging    1    2    3    4    5    6
V35
1         110    2    0    0    0    0
2           1   57    0    1    0    2
3           0    0   71    0    1    0
4           0    4    0   45    0    0
5           1    0    0    0   51    0
6           2    0    1    0    0   17
Tree model error rate=0.05737704918032787
Confusion matrix for model Tree
 Tree       1    2    3    4    5    6
V35
1         106    4    0    2    0    0
2           1   56    1    1    0    2
3           0    0   70    1    1    0
4           0    4    0   45    0    0
5           1    0    0    0   51    0
6           1    0    1    0    1   17
RF model error rate=0.01912568306010929
Confusion matrix for model RF
 RF         1    2    3    4    5    6
V35
1         112    0    0    0    0    0
2           1   58    0    2    0    0
3           0    0   72    0    0    0
4           0    4    0   45    0    0
5           0    0    0    0   52    0
6           0    0    0    0    0   20
Adaboost model error rate=0.0273224043715847
Confusion matrix for model Adaboost
 Adaboost   1    2    3    4    5    6
V35
1         112    0    0    0    0    0
2           1   55    0    3    0    2
3           0    0   71    0    1    0
4           0    3    0   46    0    0
5           0    0    0    0   52    0
6           0    0    0    0    0   20
```

第 4 章 机器学习组合算法

4.1 什么是组合算法

4.1.1 基本概念

常识告诉我们,从一个角度看问题会有片面性,只有从各个角度来探索才能得到更全面的结论. 最简单的例子是照相, 只从一个角度获取某对象的照片往往会产生误导, 但如果从各个角度来拍摄, 相机没有变, 对象也没有变, 但角度变了, 照片的数量也多了, 得到的是多张照片给出的更加真实的综合印象. 这类似于俗语所说的 "三个臭皮匠顶个诸葛亮". 有监督学习的组合算法也是这个道理.

前面第 3 章给出的用于回归或者分类的决策树是一个单独的预测模型, 基于一个数据所建立的单独模型的预测精度不一定很高. 如果基于同一个数据用某种抽样方式得到数据的不同版本, 训练单独模型, 那么可得到很多不同的预测模型, 这些不同版本的预测模型整合起来形成一个新预测模型, 其预测精度、普适性、稳健性一般会高于单独数据的结果. 这种算法称为**组合算法**或**集成算法** (ensemble algorithm) 或**组合方法** (ensemble method), 其所基于的单独预测模型称为**基础学习器** (base learner) 或**基础估计器** (base estimator). 基础学习器一般也称为**弱学习器**.

组合算法的要点为:

1. **选择一个基础学习器.** 无论是回归还是分类, 通常组合算法软件往往都将决策树作为默认的基础学习器. 在一些软件中有用户自己确定基础学习器的选项. 一些算法并不限于一个基础学习器.
2. **得到不同版本的数据.** 至少有两种方式都是对原始数据采用有放回抽样形式:
   (1) 基于简单的随机**自助法抽样**. 每次抽样得到符合原数据经验分布的样本, 每个样本会训练一个基础学习器, 多个样本则生成多个基础学习器构成的组合模型, 最终预测是这些基础学习器预测值的均值 (对于回归) 或者众数 (对于分类). 这种组合算法的例子为第 3 章见到 (但没有解释) 的 bagging 和随机森林.
   (2) 序贯形式的增强方法. 基础学习器是按顺序逐个建立的. 比如第一次对原数据做随机自助法抽样得到的样本建立模型, 而后续的抽样则根据前面抽样的误差做调整, 以减少误差为目的进行抽样及训练模型. 这种组合算法的例子为第 3 章见到的 AdaBoost (自适应增强法) 及各种梯度增强法 (gradient boosting) 等.
3. 在组合算法中所包含的**基础学习器的个数**. 这是所有软件都有的选项. 当然, 各个软件都会给出默认值, 但绝对不能简单采用默认值, 需要通过交叉验证或经验来得到较好的选择.

组合算法非常灵活, 为适应各种复杂的实际情况, 每种算法都有多个不同的版本, 每个版本又有多个选项. 注意, 组合算法对于以诸如决策树这样的算法模型作为基础学习器非常有效, 但是如果以最小二乘线性回归或 Logistic 回归等假定了固定数学形式的模型作为基础学习器形成组合算法, 结果不一定比基础学习器好很多.

4.1.2 例子

例 4.1 蘑菇可食性数据 (mushroom.csv) 该数据[①]有 23 个变量, 8124 个观测值, 其中 type 表示能否食用, 在 type 的两个水平中, "e" (edible) 代表可食用, "p" (poisonous) 代表有毒; 其余变量也均为分类变量, 表示各种蘑菇各部位的形状、颜色、气味、生长特点、生长环境等属性, 全部用字母表示其水平 (最多 12 个水平). 数据文件 mushroom.csv 是填补了第 12 个变量 stalk_root 的缺失值之后的数据. 第 17 个变量 veil_type 只有一个水平, 对建模不起作用, 但我们还是保留它, 不会影响后续的建模.[②] 我们处理该数据时将 type (能否食用) 作为因变量, 其他作为自变量. 这是一个因变量只有两个水平的分类问题.

该数据的所有 22 个自变量都是在现场直接可以观测到的, 我们希望建立一个基于这些自变量的分类模型, 不用任何专业的或实验室的仪器和试剂, 只依赖肉眼观察到的信息来做出能否食用的判断.

例 4.1 的因变量 type 有两个水平——可食用 (e) 和有毒 (p), 而所有的 22 个自变量都可以在现场直接观测到, 不用任何专业的或实验室的判断. 表 4.1.1 为这些变量的中英文对照.

表 4.1.1 例 4.1 自变量的中英文对照表

中文名称	英文名称	中文名称	英文名称
菌盖形状	cap_shape	菌盖表面性质	cap_surface
菌盖颜色	cap_color	菌体	bruises
气味	odor	菌褶着生状态	gill_attachment
菌褶间隔	gill_spacing	菌褶大小	gill_size
菌褶颜色	gill_color	菌柄形状	stalk_shape
菌柄根性质	stalk_root	菌柄环上表面	stalk_surface_above_ring
菌柄环下表面	stalk_surface_below_ring	菌柄环上颜色	stalk_color_above_ring
菌柄环下颜色	stalk_color_below_ring	菌盖面类型	veil_type
菌盖面颜色	veil_color	菌环数目	ring_number
菌环类型	ring_type	孢子印颜色	spore_print_color
群体分布	population	生长环境	habitat

例 4.2 Ames 住房数据 (ames.csv) 该数据包含 2930 个观测值及 82 个变量. 数据的详细解释在文件 DataDocumentation.txt 中. 数据集包含来自 Ames 地方评估局的信息, 这些信息用于计算 2006 — 2010 年在美国艾奥瓦州 Ames 出售的单个住宅物业的评估值.[③]

例 4.3 数字笔迹识别数据 (pendigits.csv) 该数据包含 10992 个观测值和 17 个变量. 原始数据有大量缺失值, 这里给出的数据文件为用 `missForest` 函数弥补缺失值后的数据. 变量中的第 17 个变量 (V17) 为有 10 个水平的因变量, 这 10 个水平为 $0, 1, \ldots, 9$ 十个阿拉伯数

[①] https://raw.githubusercontent.com/stedy/Machine-Learning-with-R-datasets/master/mushrooms.csv.

[②] 这类无信息变量不会影响基于决策树的方法, 因此不必删除, 但如使用诸如线性判别分析、Logistic 回归等方法, 则必须删除.

[③] De Cock, D. (2011). Ames, Iowa: alternative to the Boston Housing Data as an end of semester regression Project. *Journal of Statistics Education*, 19: 3. https://ww2.amstat.org/publications/jse/v19n3/decock/DataDocumentation.txt, http://jse.amstat.org/v19n3/decock.pdf.

字, 而其余变量都是数量变量. 如果要用原始数据 (从网上下载), 请注意数据格式的转换和缺失值的非正规标识方法.[①]

4.1.3 基础学习器变量及数据变化的影响

图 4.1.1 是对例 4.1 蘑菇可食性数据用 R 函数 `rpart` 的默认值生成的 3 棵决策树, 其中左图为利用全部数据没有任何干预生成的决策树, 中图为去掉左图中的最强势拆分变量 (odor) 后用全部数据生成的决策树, 右图为用有放回抽样增加一些观测值的抽样概率得到的数据但保持了全部变量生成的决策树. 生成图 4.1.1 的代码见 4.8 节.

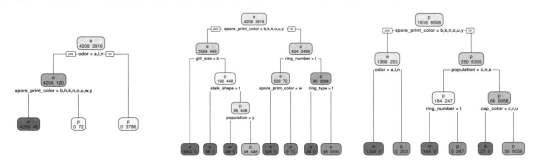

图 4.1.1 例 4.1 蘑菇可食性数据的决策树: 无干预 (左), 去除一个变量 (中), 改变数据 (右)

表 4.1.2 是三棵决策树对例 4.1 蘑菇可食性数据预测的混淆矩阵.

表 4.1.2 三棵决策树对例 4.1 蘑菇可食性数据预测的混淆矩阵

	初始情况		删除变量情况		数据变化情况	
	e	p	e	p	e	p
e	4208	0	4112	96	4128	80
p	48	3868	0	3916	0	3916

图 4.1.1 或者表 4.1.2 (表中列联表的行代表真实值, 列代表预测值) 显示出了 3 棵单独决策树 (相当于组合算法的基础学习器) 在不同变量或数据环境下的表现 (这是训练集的拟合结果):

1. 如果不对数据或变量做任何改变, 变量 odor 为根节点的首选拆分变量, 该决策树对训练集的预测结果将 48 个有毒的误判成可食用的, 而没有把可食用的误判成有毒的 (图 4.1.1 左图及表 4.1.2 第一栏).

2. 如果去掉图 4.1.1 左图显示的最强势变量 odor, 根节点的首选拆分变量则是图 4.1.1 左图第 2 层出现的另一个变量 spore_print_color, 该决策树对训练集的预测结果将 96 个 (两个终节点中均各有 48 个) 可食用的误判成有毒的, 而没有把有毒的误判成可食用的 (图 4.1.1 中图及表 4.1.2 第二栏).

3. 如果改变数据结构但不删除变量, 根节点的首选拆分变量还是 spore_print_color, 该决策树对训练集的预测结果将 36 个可食用的误判成有毒的, 而没有把有毒的误判成可食用的 (见图 4.1.1 右图). 由于训练集不是全部数据, 对全部数据预测的结果为将 80 个可食用的误判成有毒的, 而没有把有毒的误判成可食用的 (表 4.1.2 第三栏).

[①]原数据的网址之一为 http://www.csie.ntu.edu.tw/$^\sim$cjlin/libsvmtools/datasets/multiclass.html#news20, 数据名为 pendigits(训练集) 和 pendigits.t(测试集), 都属于 LIBSVM 格式. 数据来自 E. Alpaydin, Fevzi. Alimoglu, Department of Computer Engineering, Bogazici University, 80815 Istanbul Turkey, alpaydinboun.edu.tr.

> **问题与思考**
>
> 图 4.1.1 或者表 4.1.2 表明, 一个基础学习器 (这里是决策树) 在观测值变化或者自变量变化的条件下会展示出不同的特点, 如果把很多不同的基础学习器组合起来, 则会互相弥补, 得到较精确的预测. 在软件中, 多数组合算法默认的基础学习器都采用决策树, 因此, 只要搞清楚了决策树的原理, 每个组合算法都能够用几句话说清楚. 基于决策树的组合算法对数据没有任何分布形式或变量关系上的数学假定, 这是模型驱动的传统统计方法无法比拟的.

4.1.4 过拟合现象

对于一些模型来说, 对训练集的预测好并不意味着对测试集的预测也会好, 这就是过拟合现象. 图 4.1.2 显示了在对例 3.3 乙醇燃烧数据做多项式回归时[①], 增加多项式的阶数使得训练集的 NMSE 不断降低趋于零, 但测试集的 NMSE 却先下降, 于阶数达到 6 之后飞速上升, 以至于不易用图形表示 (6 阶以后的 NMSE 没有表示在图 4.1.2 中, 见表 4.1.3).

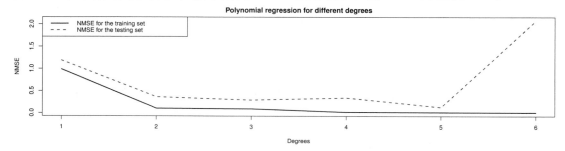

图 4.1.2　对例 3.3 乙醇燃烧数据做多项式回归的阶数增加造成的过拟合现象

表 4.1.3　对例 3.3 乙醇燃烧数据做多项式回归的阶数增加及训练集和测试集的 NMSE

多项式阶数	1	2	3	4	5	6	7	8	9	10
训练集的 NMSE	0.99	0.10	0.09	0.02	0.02	0.01	0.01	0.00	0.00	0.00
测试集的 NMSE	1.19	0.36	0.29	0.35	0.13	2.08	18.82	230.55	1193.83	4291.72

图 4.1.2 及表 4.1.3 仅仅反映了过拟合的一个涉及多项式阶数的例子. 一般来说, 模型复杂度的增加可能会造成过拟合现象, 比如, 增加神经网络的层数和隐藏层节点数 (参见第 5 章)、增加决策树的层数、增加某些种类的自变量, 等等. 目前, 一些软件在基本方法之外增加了一些防止过拟合的设置或程序, 但在有监督学习中, 过拟合仍然是较普遍的现象.

4.1.5 基于决策树没有过拟合现象的组合算法

对于我们将要介绍的组合算法来说, 不但训练集的预测精度会随着基础学习器的增加而下降, 测试集的预测精度也会随着基础学习器的增加而下降, 最终二者都会分别稳定在各自的一个水平上, 也就是说, **这些组合算法没有过拟合现象.**

图 4.1.3 显示了本章将要介绍的三种回归的组合算法 (bagging、随机森林 (图中用 rf 表示)、基于决策树的 **XGBoost** (极端梯度增强法, 图中用 xgb 表示) 在基础学习器 (这里是决策树) 的个数增加时, 各个模型的训练集和测试集的 NMSE 的变化. 这里用作回归的数据是例 4.2 Ames 住房数据, 随机抽取一半作为训练集来训练模型, 而另一半作为测试集来拟合

[①] 多项式回归是在最小二乘线性回归中把自变量的各个整数次幂都作为自变量, 并且加入小于最高阶的变量的交互作用, 比如原先自变量为 x_1, x_2, 那么 3 阶多项式回归的自变量为 $x_1, x_2, x_1^2, x_2^2, x_1^3, x_2^3, x_1 x_2, x_1 x_2^2, x_1^2 x_2$.

通过训练集学习出来的模型. 组合模型中决策树的个数从 1 棵开始以 10 棵的间距变化到 491 棵. 表 4.1.4 给出了这三种算法的训练集和测试集的 NMSE 的均值和中位数, 相应的图形为图 4.1.4, 生成图 4.1.3 及图 4.1.4 的代码见 4.8 节.

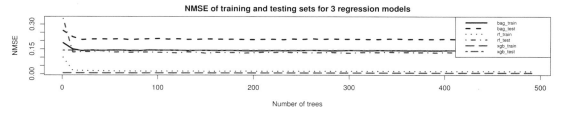

图 4.1.3 例 4.2 Ames 住房数据三种算法基础学习器个数及训练集和测试集的 NMSE

图 4.1.3 显示:

1. 当决策树数目增加时, 每种模型关于训练集和测试集所得到的 NMSE 均稳定在各自的水平上.
2. 每种模型关于训练集和测试集所得到的 NMSE 之间有一个比较稳定的差距. 显然, 对于这个数据, 关于预测精度 (应只看测试集), 随机森林最优, XGBoost 次之, bagging 不如前两种 (但它是所有组合算法的先驱).

表 4.1.4 图 4.1.3 中三种算法训练集和测试集 NMSE 的中位数和均值

模型	bag_train	bag_test	rf_train	rf_test	xgb_train	xgb_test
中位数	0.1412	0.2102	0.01657	0.1291	0.006249	0.1424
均值	0.1422	0.2111	0.01835	0.1331	0.006249	0.1424

图 4.1.4 例 4.2 Ames 住房数据三种算法测试集 NMSE 的中位数和均值

4.2 bagging

最初的组合算法之一是把决策树作为基础学习器的 bagging (bootstrap aggregating), 字面上是基于自助法抽样的整合. bagging 是 Breiman (1996, 1998)[1] [2] 提出的, 用于分类树和回归树以稳定结果. bagging 是最简单的组合算法, 速度也最快, 但由于其精度一般不如其他算法高, 一些人建议能用随机森林则不用 bagging[3], 但在实际应用中很难说哪个算法一定比

---

[1] Breiman, L. (1996). Bagging predictors. *Machine Learning*, 24(2): 123–140. https://link.springer.com/article/10.1007/BF00058655.

[2] Breiman L. (1998). Arcing classifiers. *The Annals of Statistics*, 26(3): 801–849. https://www.jstor.org/stable/120055.

[3] 在我们使用的 ipred 包的 bagging 函数说明中写道: "与该函数相比, 随机森林的实现 (函数)randomForest 和 cforest 在计算自助法组合决策树时更灵活、更可靠." ("The random forest implementations randomForest and cforest are more flexible and reliable for computing bootstrap-aggregated trees than this function and should be used instead.")

另一个的预测精度更高, 这和数据本身有很大关系. 我们首先介绍 bagging, 不仅因为该算法是所有其他组合算法的先驱, 而且因为 bagging 的原理是其他组合算法的基础, 了解 bagging 之后就很容易理解其他算法. 笔者的经验表明, 对于某些数据, bagging 会优于其他更复杂的组合算法.

bagging 的工作过程很简单, 以基础学习器为决策树作为例子, 即**利用自助法抽样生成许多不同的决策树, 然后这些决策树通过平均 (回归) 或投票 (分类) 得到组合结论**. 形式上, 给定样本量为 n 的训练集 D, bagging 通过从 D 中做 m 次有放回随机抽样 (即每个观测值以 $1/n$ 的概率被抽到) 而生成 m 个新的训练集 D_i $(i = 1, 2, \ldots, n)$, 每个样本量为 n' (通常 $n' = n$). 如果 $n' = n$, 则对于较大的 n, 训练集 D_i 一般具有 D 的大约 60%～70% 的不重复观测值[1], 其余的都是重复观测值. 这种样本称为**自助法样本** (bootstrap sample). 这种有放回抽样确保了 m 个样本相互独立. 然后, 使用上述 m 个自助法样本拟合 m 个模型 (训练 m 棵决策树), 并在回归情况下通过将 m 棵回归决策树生成的数量结果取平均, 或在分类情况下对 m 棵分类决策树生成的类别结果投票 (少数服从多数), 得到组合模型的最终结果.

bagging 有效的原因在于自助法抽样随机显示了数据的各个方面 (因为每个自助法样本都有某些观测值重复, 而另一些又未进入样本), 根据 4.1.3 节, 数据变化会引起决策树为适应数据而产生相应变化, 这使得组合算法可以比单棵决策树更全面地获得数据的信息, 从而产生更精确的预测.

在训练每个基础学习器时, 由于有一部分数据没有抽到, 这些数据不属于训练集, 因此可以作为该次训练后的测试集来做交叉验证. 这种自然生成的测试集称为 OOB (out-of-bag) 数据集, 用这些数据集做交叉验证称为 OOB 交叉验证. 一般使用自助法抽样的组合算法都使用 OOB 交叉验证来验证模型的预测精度.

4.2.1 bagging 回归实践

这里通过例 4.2 Ames 住房数据来演示使用程序包 `ipred`[2] 的 bagging 函数做回归的过程. 我们利用 bagging 函数自带的功能计算 OOB 误差 (这里得到的是 MSE 的平方根). 下面是所用的 R 代码:

```
u=read.csv('ames.csv',stringsAsFactors = TRUE) #读入数据
set.seed(8888)
bag=ipred::bagging(Sale_Price~.,data=u,nbagg=100,coob=TRUE)
bag$err
```

输出的 `bag$err` 在 `coob=TRUE` 时是 OOB 交叉验证的均方误差的平方根 $\sqrt{\text{MSE}}$ (在选择随机种子的情况下, `bag$err` 等于 35616.67), 在 `coob=FALSE` (默认的) 时是训练集的 $\sqrt{\text{MSE}}$. 由于自助法抽样的随机性, 输出的结果会随机变化, 但不会变化很大. 这里使用 `ipred::bagging` 而不是直接用 `bagging` 是因为另一个包 adabag 中也有 bagging 函数, 为了不混淆, 最好在前面注明使用的是哪一个包的函数.

---

[1] 实际比例可能变化很大, 但当 n 趋于无穷大时, 极限是 $1 - 1/e \approx 63.2\%$.
[2] Peters, A. and Hothorn, T. (2019). ipred: Improved Predictors. R package version 0.9-9. https://CRAN.R-project.org/package=ipred.

4.2.2 bagging 分类实践

用和回归同样的函数 bagging 做分类的 R 代码没有任何区别, 软件会根据因变量是不是因子型来自动确定做分类还是回归. 下面对例 3.6 皮肤病数据的全部数据做分类. 由于除了第 34 个变量 (年龄) 之外其余全部是用整数表示水平的分类变量, 因此输入时必须因子化, 否则计算机会把本来仅仅是类代号的整数当作数量变量来处理. 下面是相关的 R 代码:

```
v=read.csv("derm.csv")
for (i in (1:ncol(v))[-34]) v[,i]=factor(v[,i])
derm_bag=ipred::bagging(V35~.,v,coob=TRUE)
pred_bag_derm=predict(derm_bag,v)
Err_bag_derm=mean(pred_bag_derm!=v$V35)
derm_bag$err
table(v$V35,pred_bag_derm)
cat("Error for training set =",Err_bag, "OOB_error = ", derm_bag$err)
```

输出显示了对于训练集 (全部数据) 的误判率为 0, 而 OOB 交叉验证的误判率为 0.0437:

```
Error for training set = 0 OOB_error =  0.04371585
```

4.3 随机森林

随机森林显然是基于 bagging 发展的, **随机森林和 bagging 的主要不同点在于训练每个决策树时, 在每个节点仅允许随机选择的少数变量竞争拆分变量,** 如同 4.1.3 节所指出的, 数据和变量的变化会描述数据的不同方面, 随机森林基于自助法抽样导致的数据变化, 增加了对拆分变量数目的干预, 因而揭示了更多的数据信息来构造更加全面的决策树集群. 在 R 软件包 randomForest[1]的函数 randomForest 中, 如果自变量个数为 p, 每个节点允许的随机选择的候选拆分变量数目 (用 mtry 参数来确定) 的默认值为 $\sqrt{p}$ (对于分类) 或者 $p/3$ (对于回归). 该函数的决策树个数 (用 ntree 参数来确定) 的默认值为 500, 而且树的最多节点数 (用 maxnodes 参数来确定) 的默认值是长到不能再长为止. **无论是回归还是分类, 随机森林都属于预测精度最高的一类模型.**

4.3.1 随机森林回归

对于例 4.2 Ames 住房数据, 我们对全部数据做随机森林回归, 并且用自编函数 CVR (CVR 函数代码在 3.12.1 节) 做 10 折交叉验证的 R 代码为:

```
library(randomForest)
u=read.csv('ames.csv',stringsAsFactors = TRUE)
rf_house=randomForest(Sale_Price~.,data=u,importance=TRUE,
                      localImp=TRUE,proximity=TRUE)
CVR(u,D=79,fun=randomForest::randomForest)$nmse #0.09728953
```

我们需要的大部分结果保存在对象 rf_house 中, 后面相继提取. 输出的交叉验证的

---
[1]Liaw, A. and Wiener, M. (2002). Classification and regression by randomForest. *R News*, 2(3): 18–22.

NMSE (通过函数 CVR) 为 0.0957.

4.3.2 例 4.2 Ames 住房数据随机森林回归的变量重要性

图 4.3.1 给出了 80 个自变量的重要性, 一个变量重要性的度量在左图为删除一个变量时[1] MSE 的增加, 也就是说, 当删除一个变量时, 如果误差比不删除增加越多, 该变量就越重要; 右图显示的度量是变量在各个节点拆分时使得数据变纯的能力. 这两个度量虽然不同, 但最重要的变量大体一致. 图 4.3.1 是用下面的 R 代码生成的:

```
layout(t(1:2))
for (i in 1:2){
  barplot(rf_house$importance[,i],horiz = TRUE,
      main=colnames(rf_house$importance)[i],las=1,cex.names = .25,col=4)
}
```

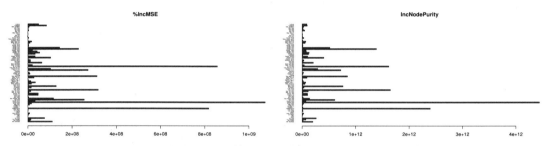

图 4.3.1　例 4.2 Ames 住房数据随机森林回归的变量重要性

由于自变量太多, 图 4.3.1 不易看清, 下面再分别按照两种度量把最重要的 10 个变量画出来 (见图 4.3.2).

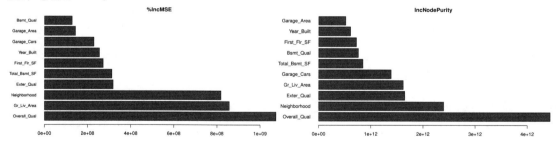

图 4.3.2　例 4.2 Ames 住房数据随机森林回归最重要的 10 个变量的重要性

```
layout(t(1:2))
barplot(sort(rf_house$importance[,1],decreasing = TRUE)[1:10],
        horiz = TRUE,las=1,col=4,cex.names = .8,main="%IncMSE")
barplot(sort(rf_house$importance[,2],decreasing = TRUE)[1:10],
        horiz = TRUE,las=1,col=4,cex.names = 1,main="IncNodePurity")
```

---

[1] 实际运算中是通过代码使其失效 (等价于删除), 而不是真正删除, 这里使用 "删除" 一词是为了便于理解.

4.3.3 例 4.2 Ames 住房数据随机森林回归的局部变量重要性

由于随机森林积攒了大量信息, 每个自变量对每个观测值都可以度量出相应的影响, 这种影响可以生成局部影响图 (见图 4.3.3). 这里每条线代表一个观测值, 而其在 80 个点处的值为这 80 个自变量对该观测值的不同影响. 由于观测值较多, 图比较拥挤, 实际应用中可用数值方法来挑选变量和观测值, 而不仅仅是看图.

```
matplot(1:80,rf_house$local,type='l',xaxt="n",
    xlab="Variable",ylab = "Local importance")
axis(side = 1,at = 1:80,labels = rownames(rf_house$local),
        las=2,cex.axis=.5)
title('Random forest local importance for regression')
```

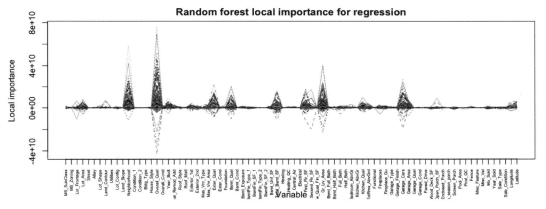

图 4.3.3 例 **4.2 Ames** 住房数据随机森林回归的局部变量重要性图

4.3.4 例 4.2 Ames 住房数据随机森林回归的局部依赖图

局部依赖图或**部分依赖图** (partial dependence plot, PDP) 给出了自变量 x_S 对因变量的边际影响. 形式上的度量是由下面的函数定义的:

$$\hat{f}_{x_S}(x_S) = E_{x_C}\left[\hat{f}(x_S, x_C)\right] = \int \hat{f}(x_S, x_C) \mathrm{d}P(x_C),$$

这里的 x_S 是 (被选择要显示的) 因变量对其有局部依赖的自变量 (记感兴趣的自变量集合为 S, 通常取一个变量), 而不感兴趣的自变量集合为 C, 即 x_C 代表用于机器学习模型 $\hat{f}$ 的其他自变量. 当然, 上面的理论积分对于真实数据是无法计算的. 因此, 局部函数 $\hat{f}_{x_S}$ 是在训练集中通过计算均值来估计的, 也就是蒙特卡罗方法[①]:

$$\hat{f}_{x_S}(x_S) = \frac{1}{n}\sum_{i=1}^{n} \hat{f}(x_S, x_C^{(i)}).$$

这个局部函数给出了变量 x_S 对因变量平均的边际效果. 公式中的 $x_C^{(i)}$ 是数据集中我们不感兴趣的变量的真实值, n 是数据的样本量. **注意: 关于 PDP 的一个假定为** "C 中的变量与 S

[①] 有很多不同的计算方法, 其中一种是: 首先拟合全部数据训练出一个模型, 然后用每个固定的 x_S 值加上很多随机从 x_C 抽样得到的其他变量值来通过拟合的模型估计因变量, 得到的多个值平均起来就可作为 $\hat{f}_{x_S}(x_S)$ 的值.

中的变量不相关". 如果这个假定不成立, 必定会产生误导. 在后面要介绍的分类中, $\hat{f}$ 为投票率的函数:

$$\hat{f}(x) = \log p_k(x) - \frac{1}{K}\sum_{j=1}^{K}\log p_j(x),$$

式中, K 为因变量的水平数 (类数), p_j 表示第 j 类投票的比例.

图 4.3.4 给出了因变量对 3 个变量的局部依赖图, 显示了某个自变量 (无论数量变量还是分类变量) 的变化如何影响因变量的变化. 但要注意可能的相关性会造成的错误印象.

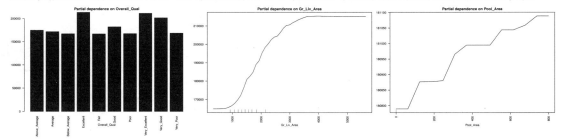

图 4.3.4　例 4.2 随机森林回归的局部依赖图

生成图 4.3.4 的 R 代码为:

```
pnm=c("Overall_Qual", "Gr_Liv_Area","Pool_Area" )
layout(t(1:3))
for (i in 1:3)
partialPlot(rf_house, pred.data=u, x.var=pnm[i],xlab=pnm[i],
            main=paste("Partial dependence on",pnm[i]),las=2)
```

4.3.5　亲近度和离群点

由于我们在前面用随机森林拟合数据时选择了 proximity=TRUE, 就可以生成**离群点**的度量, 数值上为样本量除以**亲近度** (proximity) 的平方根 (再减去中位数除以 MAD [①] 来标准化). 图 4.3.5 就是每个点的离群度量图.

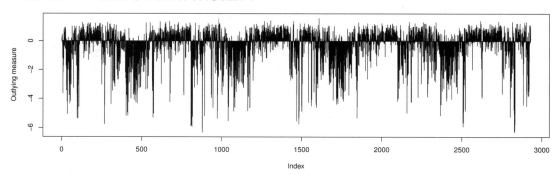

图 4.3.5　例 4.2 Ames 住房数据随机森林回归观测值的离群度量

[①] 向量 $\boldsymbol{x} = \{x_i\}$ 的 MAD (median absolute deviation) 定义为 $\text{median}_i(|x_i - \text{median}_i(x_i)|)$. 注意, 另一种 MAD (mean absolute deviation) 的定义是把前面的 MAD 定义中的中位数改成均值. 这两种定义一般不会对亲近度的结果造成多大区别.

离群点是基于亲近度计算的. 由于随机森林中有大量包含许多观测值的终节点, 随机森林很容易度量每个观测值和其他观测值的亲近度, 这个亲近度是基于数据点对在同一个终节点出现的频数度量的. 经常同时出现在一个终节点中的观测值有很多共性, 也就是它们是亲近的; 但如果一个观测值很少和其他相对固定的观测值一起出现, 这个观测值就被认为不合群或者称为离群点. 是不是有些像人类之间的合群与不合群的情况? 聚会的人群就类似于节点上的数据子集, 拉着好友去聚会的人不如总是独自去聚会的人有个性.

生成图 4.3.5 的 R 代码如下:

```
plot(outlier(rf_house$proximity), type="h",ylab="Outlying measure")
```

4.3.6 随机森林分类

随机森林分类和回归的原理一样, 只是利用很多决策树来做分类而已. 对于例 3.6 皮肤病数据, 实行随机森林分类:

```
v=read.csv("derm.csv",stringsAsFactors = TRUE)
for (i in (1:ncol(v))[-34]) v[,i]=factor(v[,i])
library(randomForest)
(derm_rf=randomForest(V35~.,v,importance=TRUE,localImp=TRUE,
                     proximity=TRUE))
```

输出 OOB 误判率及混淆矩阵:

```
        OOB estimate of  error rate: 2.46%
Confusion matrix:
    1   2   3   4   5   6 class.error
1 112   0   0   0   0   0 0.00000000
2   1  57   0   3   0   0 0.06557377
3   0   0  72   0   0   0 0.00000000
4   0   5   0  44   0   0 0.10204082
5   0   0   0   0  52   0 0.00000000
6   0   0   0   0   0  20 0.00000000
```

4.3.7 随机森林分类的变量重要性

图 4.3.6 给出了例 3.6 皮肤病数据随机森林分类的变量重要性. 这些图中的最后两个 (左下和右下) 和前面的回归类似, 其中, 左下图为删除某个变量时平均精度的下降的度量, 右下图为在各个决策树中每个参数导致的纯度增益 (Gini 指数的平均降低). 图 4.3.6 上面 6 个图为随机森林分类所特有的, 对于 6 种皮肤病的每一种列出了各个变量的重要性. 图 4.3.6 是由下面的 R 代码生成的:

```
layout(matrix(c(1:6,7,7,7,8,8,8),nrow = 2,by=T))
    for (i in 1:8){
        barplot(derm_rf$importance[,i],horiz = TRUE,
```

```
        main=colnames(derm_rf$importance)[i],las=1,cex.names = .5,col=4)
}
```

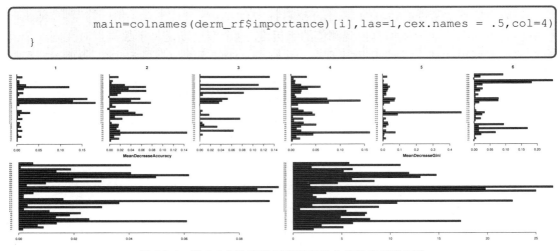

图 4.3.6　例 3.6 皮肤病数据随机森林分类的变量重要性

4.3.8　例 3.6 皮肤病数据随机森林分类的局部变量重要性

和回归情况类似, 图 4.3.7 显示了例 3.6 随机森林分类的局部变量重要性.

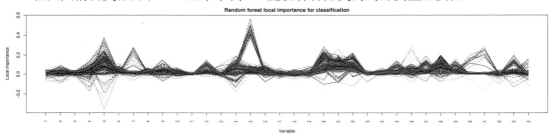

图 4.3.7　例 3.6 皮肤病数据随机森林分类的局部变量重要性

```
matplot(1:34,derm_rf$local,type='l',xaxt="n",
        xlab="Variable",ylab = "Local importance")
axis(side = 1,at = 1:34,labels = rownames(derm_rf$local),
     las=1,cex.axis=.5)
title('Random forest local importance for classification')
```

4.3.9　例 3.6 皮肤病数据随机森林分类的局部依赖性

下面的 R 代码生成了例 3.6 皮肤病数据随机森林分类对部分 (5 个) 变量的局部依赖性图 (见图 4.3.8):

```
pnm=paste0('V',c(11,21,23,27,33))
layout(t(1:5))
for (i in 1:5)
partialPlot(derm_rf, pred.data=v, x.var=pnm[i],xlab=pnm[i],
           main=paste("Partial dependence on",pnm[i]),las=2)
```

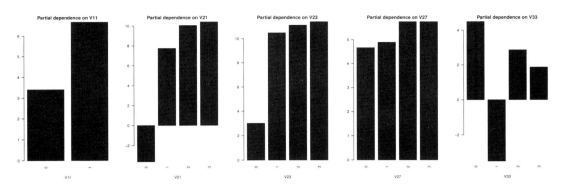

图 4.3.8　例 3.6 皮肤病数据随机森林分类的局部依赖性

4.3.10　例 3.6 皮肤病数据随机森林分类的离群点图

下面的 R 代码生成了例 3.6 皮肤病数据随机森林分类的离群点图 (见图 4.3.9):

```
plot(outlier(derm_rf$proximity), type="h",ylab="Outlying measure")
```

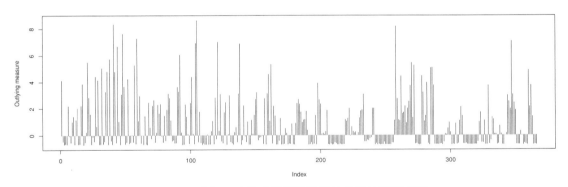

图 4.3.9　例 3.6 皮肤病数据随机森林分类的离群点图

4.4　梯度下降法及极端梯度增强回归

4.4.1　梯度下降法

梯度下降法是用于找到可微函数的局部最小值的一阶迭代优化算法. 我们看图 4.4.1, 图中函数是可微的下凸函数 (下凸意味着存在极小值)$f(x)$, 我们的目的是逐步建立一个自变量序列 $x_0, x_1, x_2, \ldots$, 去逼近最小值点 $x = \arg\min_x f(x)$. 假定目前选取了 x_k, 我们在该点处计算函数的偏导数 (梯度), 在实际问题中函数可能根本无法求导, 可求近似梯度 $\nabla f(x_k)$, 并取下一个点为:

$$x_{k+1} = x_k + \arg\min_x f(x) = x_k - \gamma_k \nabla f(x_k),$$

这是沿着梯度所代表的最陡下降的方向进行的. 这里的 $\gamma_k \in \mathbb{R}_+$ 是一个称为**收缩量** (shrinkage) 或者**学习率** (learning rate) 的小的正值调整参数.

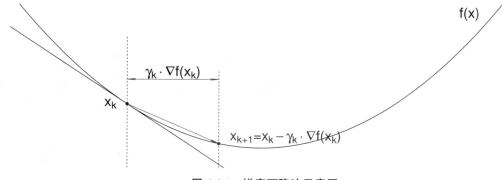

图 4.4.1 梯度下降法示意图

4.4.2 梯度增强和 XGBoost 算法

记样本为 $(\boldsymbol{x}_1, y_1), (\boldsymbol{x}_2, y_2), \ldots, (\boldsymbol{x}_n, y_n), ((\boldsymbol{X}, \boldsymbol{y}) = \{\boldsymbol{x}_i, y_i\}_{i=1}^n)$; 选择一个可微的损失函数 $L(\boldsymbol{y}, \hat{\boldsymbol{y}})$, 这里 $\hat{\boldsymbol{y}} = F(\boldsymbol{x})$, F 为预测模型; 然后假定有 M 个基础学习器 (如决策树).

利用梯度下降法的原理, 先给出**梯度增强法**的算法. 首先, 在 "第 0 步" 得到初始的预测值 $F_0(\boldsymbol{X})$, 满足

$$\hat{f}_0(\boldsymbol{X}) = \arg\min_{\theta} \sum_{i=1}^M L(y_i, \theta).$$

对于 $m = 1, 2, \ldots, M$ 步进行迭代:

1. 求对损失函数的一阶导数 (所谓的伪残差):

$$\hat{g}_m(\boldsymbol{x}_i) = \left[\frac{\partial L(y_i, f(\boldsymbol{x}_i))}{\partial f(\boldsymbol{x}_i)}\right]_{f(\boldsymbol{x}) = \hat{f}_{m-1}(\boldsymbol{x})}.$$

2. 把 $\{\boldsymbol{x}_i, -\hat{g}_m(\boldsymbol{x}_i)\}$ 作为训练集拟合基础学习器, 得到 $h_m(\boldsymbol{x})$.
3. 计算满足下面条件的乘子 γ_m:

$$\gamma_m = \arg\min_{\gamma} \sum_{i=1}^n L(y_i, \hat{f}_{m-1} + \gamma h_m(\boldsymbol{x}_i)).$$

4. 更新模型:

$$\hat{f}_m(\boldsymbol{X}) = \hat{f}_{m-1}(\boldsymbol{X}) + \gamma_m h_m(\boldsymbol{X}).$$

最终结果为 $\hat{f}_M(\boldsymbol{X})$.

在梯度增强法的基础上, 增加二阶导数计算得到 **XGBoost** 又称**极端梯度增强法** (extreme gradient boosting), 该算法步骤如下. 首先在 "第 0 步" 通过基础学习器得到初始预测值

$$\hat{f}_0(\boldsymbol{X}) = \arg\min_{\theta} \sum_{i=1}^n L(y_i, \theta).$$

然后做下面的迭代, 对于 $m = 1, 2, \ldots, M$:

1. 对损失函数 $L(y, \theta)$ 关于 θ 计算一阶和二阶导数, 取值于前一步的预测值:

$$\hat{g}_m(\boldsymbol{x}_i) = \left[\frac{\partial L(y_i, f(\boldsymbol{x}_i))}{\partial f(\boldsymbol{x}_i)}\right]_{f(\boldsymbol{x}) = \hat{f}_{m-1}(\boldsymbol{x})}; \quad \hat{h}_m(\boldsymbol{x}_i) = \left[\frac{\partial^2 L(y_i, f(\boldsymbol{x}_i))}{\partial f(\boldsymbol{x}_i)^2}\right]_{f(\boldsymbol{x}) = \hat{f}_{m-1}(\boldsymbol{x})}.$$

2. 把 $\left\{\boldsymbol{x}_i, -\frac{\hat{g}_m(\boldsymbol{x}_i)}{\hat{h}_m(\boldsymbol{x}_i)}\right\}$ 作为训练集, 通过解下面式 (4.4.1) 的优化问题来拟合基础学习器 (其中 α 是学习率):

$$\hat{\phi}_m(\boldsymbol{x}) = \arg\min_{\phi \in \Phi} \sum_{i=1}^{n} \frac{1}{2} \hat{h}_m(\boldsymbol{x}_i) \left[\phi(\boldsymbol{x}_i) - \frac{\hat{g}_m(\boldsymbol{x}_i)}{\hat{h}_m(\boldsymbol{x}_i)}\right]^2;$$

$$\hat{f}_m(\boldsymbol{x}_i) = \alpha \hat{\phi}_m(\boldsymbol{x}). \quad (4.4.1)$$

3. 更新模型:

$$\hat{f}_m(\boldsymbol{x}_i) = \hat{f}_{m-1}(\boldsymbol{x}_i) + \hat{f}_m(\boldsymbol{x}_i).$$

最终结果为:

$$\hat{f}(\boldsymbol{X}) = \hat{f}_M(\boldsymbol{X}) = \sum_{m=0}^{M} \hat{f}_m(\boldsymbol{X}).$$

由于 XGBoost 的结果一般优于梯度增强法, 我们后面将只使用 XGBoost 而不使用梯度增强法. 值得注意的是, 与其他算法相比, XGBoost 机器学习模型在预测性能和处理时间方面具有最佳组合, 这一点对于数据科学家来说值得注意. 各种基准研究已经证实了这一点, 这解释了它对数据科学家的吸引力.

4.4.3 对例 4.2 Ames 住房数据做 XGBoost 回归

下面使用 R 程序包 xgboost [1]的同名函数对例 4.2 Ames 住房数据做 XGBoost 回归, 同时做 10 折交叉验证. 为了方便, 这里使用了自编的对函数 xgboost 的包装函数 Xgboost(见 4.8 节).

```
nmse=function(y,yhat) sum((y-yhat)^2)/sum((y-mean(y))^2)
u=read.csv('ames.csv',stringsAsFactors = TRUE)
Vid=79
set.seed(1010)
Z=10;n=nrow(u)
Zid=1:n
FD=sample(rep(1:Z,ceiling(n/Z)))[1:n]
pred=rep(9999,n)
for (i in 1:Z) {
  m=Zid[FD==i]
  pred[m]=Xgboost(u[-m,],u[m,],vid = Vid)
}
NMSE=nmse(u[,Vid],pred)
cat('10-Fold CV NMSE =', NMSE,', Score =', 1-NMSE )
```

输出的 NMSE 和得分 (定义为 $1 - \text{NMSE}$) 为:

```
10-Fold CV NMSE = 0.09761561 , Score = 0.9023844
```

---

[1]Chen, T., He, T., Benesty, M., Khotilovich, V., Tang, Y., Cho, H., Chen, K., Mitchell, R., Cano, I., Zhou, T., Li, M., Xie, J., Lin, M., Geng, Y., Li, Y., Yuan, J. (2024). xgboost: extreme gradient boosting. R package version 1.7.7.1. https://CRAN.R-project.org/package=xgboost.

4.4.4 对例 3.6 皮肤病数据做 XGBoost 分类

这里将使用自编的 `Xgboost` 和 `Fold` 函数. 我们对例 3.6 皮肤病数据做 XGBoost 拟合并得到 10 折交叉验证误差:

```
w=read.csv('derm.csv',stringsAsFactors = T)
for (i in (1:ncol(w))[-34])
  w[,i]=factor(w[,i])
set.seed(1010)
zid=Fold(w, 10, 35,1010)
zid[[1]] %>% head()
pred=factor(sample(w$V35,nrow(w)))
for (i in 1:10) {
  m=zid[[i]]
  pred[m]=Xgboost(w[-m,],w[m,],35)
}
mean(pred!=w$V35)
```

得到误判率为 0.226776, 比其他集成模型都差.

4.5 AdaBoost 分类

AdaBoost[①]分类算法也是使用决策树作为基础学习器的组合算法. 它在对数据用有放回抽样构造每一棵决策树时并不是等概率抽样, 而是根据上一棵决策树分类的情况对误判的观测值增加抽中的概率, 也就是加权抽样. 这样可以在下一棵决策树中增加这些以前误判的观测值的代表性, 以增加正确判断的可能. 经过多次如此抽样产生分类树之后, 最终的分类结果由这些决策树的不等权投票结果产生, 误判率越大的决策树的投票权重越小. 对于一般的应用者来说, 知道 AdaBoost 的原理就行了.

4.5.1 例 3.6 皮肤病数据的 AdaBoost 分类

下面使用 R 程序包 adabag[②]的 `boosting` 函数对例 3.6 皮肤病数据做 AdaBoost 分类.

```
library(adabag)
v=read.csv("derm.csv")
for (i in (1:ncol(v))[-34]) v[,i]=factor(v[,i])
derm_ada=adabag::boosting(V35~.,v)# 拟合训练集
derm_ada_cv=boosting.cv(V35~.,data=v) #10折交叉验证(默认10折)
```

输出的交叉验证混淆矩阵及误判率为:

[①] AdaBoost (adaptive boosting) 可翻译成 "自适应增强法", 但最好用大家都熟悉的原文.
[②] Alfaro, E., Gamez, M., Garcia, N. (2013). adabag: an R package for classification with boosting and bagging. *Journal of Statistical Software*, 54(2): 1-35. http://www.jstatsoft.org/v54/i02/.

```
> derm_ada_cv$confusion
               Observed Class
Predicted Class    1   2   3   4   5   6
              1  112   0   0   0   0   0
              2    0  54   0   3   0   0
              3    0   1  71   0   0   0
              4    0   4   0  46   0   0
              5    0   0   1   0  52   0
              6    0   2   0   0   0  20
> derm_ada_cv$error
[1] 0.03005464
```

画出变量重要性图 (见图 4.5.1):

```
barplot(derm_ada$importance,names.arg =names(derm_ada$importance),
        main =  'Variable importance',
        cex.names = .5, col = 4,las=2,horiz = TRUE)
```

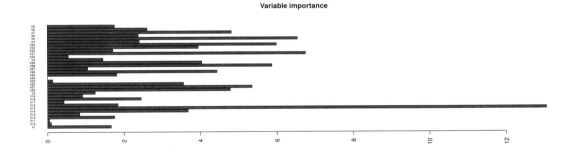

图 4.5.1　例 3.6 皮肤病数据的 AdaBoost 分类的变量重要性

4.5.2 基本 AdaBoost 及 SAMME 算法 *

为了某些感兴趣的读者, 本节介绍 AdaBoost 算法的一些细节, 略去本小节不会影响对 AdaBoost 算法的使用. 该算法并不复杂, 有基本编程训练的人均可按照本小节所给的公式直接写出该算法的函数.

细心的读者可能会注意到, 在 R 软件的程序包 adabag 中, AdaBoost 函数 boosting 的说明中有下面一段内容:

选项 coeflearn 的默认值为 Breiman, 这意味着使用
$$\alpha = \frac{1}{2}\ln\left(\frac{1-\text{err}}{\text{err}}\right),$$
而如果选择 coeflearn = Freund, 则意味着使用
$$\alpha = \ln\left(\frac{1-\text{err}}{\text{err}}\right),$$
无论 coeflearn = Breiman 还是 coeflearn = Freund, 均使用 AdaBoost.M1 算法, 式中, α 是

> 更新系数的权重. 此外, 如果 `coeflearn = Zhu`, 则使用 SAMME 算法, 而且
> $$\alpha = \ln\left(\frac{1-\text{err}}{\text{err}}\right) + \ln(K-1).$$

上面一段中的 α 及 err 都属于 AdaBoost 的术语, 下面对 AdaBoost 算法做一个简略的说明. 从针对二分类到多分类, 从不那么稳健到更加稳健, AdaBoost 算法在其发展过程中不断进化. 这里我们简单介绍 AdaBoost 及其后续的 SAMME 及 SAMME.R [1]两种版本. [2]

基本的 AdaBoost 是为二分类问题设计的 (Freund and Schapire, 1997)[3], 后来又用于多分类. 假定训练集为 $(\boldsymbol{x}_1, c_1), (\boldsymbol{x}_2, c_2), \ldots, (\boldsymbol{x}_n, c_n)$, 这里输入的预测变量 $\boldsymbol{x}_i \in \mathbb{R}^p$, 而输出的 (定性) 因变量 c_i 取有穷的 K 个值, 对应于指标 $\{1, 2, \ldots, K\}$. 目标为基于训练集找到一个分类的法则 $C(\boldsymbol{x})$. 我们自然希望有使误判率最低的算法. 假定训练数据是独立同分布的, 来自未知概率分布 $\text{Prob}(X, C)$. 于是, 对 $C(\boldsymbol{x})$ 的误判率为 (式中的 $\mathbb{I}_a$ 或 $\mathbb{I}(a)$ 为示性函数, 它等于 1 或 0 依 a 是否为真而定):

$$\begin{aligned}
E_{\boldsymbol{X},C}\mathbb{I}_{C(\boldsymbol{X})\neq C} &= E_{\boldsymbol{X}}\text{Prob}(C(\boldsymbol{X}) \neq C|\boldsymbol{X}) \\
&= 1 - E_{\boldsymbol{X}}\text{Prob}(C(\boldsymbol{X}) = C|\boldsymbol{X}) \\
&= 1 - \sum_{k=1}^{K} E_{\boldsymbol{X}}\left[\mathbb{I}_{C(\boldsymbol{X})=k}\text{Prob}(C=k|\boldsymbol{X})\right].
\end{aligned}$$

显然, 我们要找到使得 $\text{Prob}(C=k|\boldsymbol{X}=\boldsymbol{x})$ 最大的 $C(\boldsymbol{x})$, 这种 (分类) 决策称为贝叶斯分类器, 记为:

$$C^*(\boldsymbol{x}) = \arg\max_k \text{Prob}(C=k|\boldsymbol{X}=\boldsymbol{x}).$$

误判率称为贝叶斯误判率, 即

$$1 - E_{\boldsymbol{X}}\max_k \text{Prob}(C=k|\boldsymbol{X}=\boldsymbol{x}).$$

假定我们有 M 个基础学习器, 也就是说要进行 M 次迭代. 在描述迭代计算程序的符号方面, 每个基础学习器 (分类器) 记为 $T(\boldsymbol{x})$ 或在第 m 步记为 $T^{(m)}(\boldsymbol{x})$, 对于观测值 $\boldsymbol{x}_i$, 抽样时的权重记为 $w_i^{(m)}$, 在不会混淆时记为 w_i. 而期望误判 $E_{\boldsymbol{X}}\text{Prob}(C(\boldsymbol{X}) \neq C|\boldsymbol{X})$ 则用下面相应于第 m 步的误差表示:

$$\text{err}^{(m)} = \frac{\sum_{i=1}^{n} w_i \mathbb{I}(c_i \neq T^{(m)}(\boldsymbol{x}_i))}{\sum_{i=1}^{n} w_i^{(m)}}.$$

基本的 AdaBoost 运算过程及后来专门为多分类问题发展的 SAMME 的步骤分别如下:

> **AdaBoost**
> 1. 初始观测值抽样权重 $w_i^{(1)} = 1/n$, $i = 1, 2, \ldots, n$.
> 2. 对于 $m = 1, 2, \ldots, M$ 步:
>   (1) 用分类器 $T^{(m)}(\boldsymbol{x})$ 拟合以权重 $\{w_i^{(m)}\}$ 抽样得到的训练集.

---

[1] SAMME 为英文词组 "Stagewise Additive Modeling using a Multi-class Exponential loss function" 中大写字母的组合, SAMME.R 中最后的 R 代表 "Real".

[2] Zhu, J., Zou, H., Rosset, S., Hastie, T. (2009). Multi-class AdaBoost. *Statistics and Its Interface*, 2: 349–360.

[3] Freund, Y. and Schapire, R. (1997). A decision theoretic generalization of on-line learning and an application to boosting. *Journal of Computer and System Sciences*, 55(1): 119–139.

(2) 计算误差:
$$\text{err}^{(m)} = \frac{\sum_{i=1}^{n} w_i \mathbb{I}(c_i \neq T^{(m)}(\boldsymbol{x}_i))}{\sum_{i=1}^{n} w_i^{(m)}}.$$

(3) 根据指数误差计算确定第 m 个分类器最终发言权的权重:
$$\alpha^{(m)} = \ln \frac{1 - \text{err}^{(m)}}{\text{err}^{(m)}}. \tag{4.5.1}$$

(4) 设定新权重 ($i = 1, 2, \ldots, n$):
$$w_i^{(m+1)} \leftarrow w_i^{(m)} \text{e}^{\alpha^{(m)} \mathbb{I}(c_i \neq T^{(m)}(\boldsymbol{x}_i))},$$

并且标准化:
$$w_i^{(m+1)} \leftarrow w_i^{(m+1)} / \sum_{i=1}^{n} w_i^{(m+1)}.$$

3. 输出:
$$C(\boldsymbol{x}) = \arg\max_{k} \sum_{m=1}^{M} \alpha^{(m)} \mathbb{I}(T^{(m)}(\boldsymbol{x}) = k).$$

SAMME

1. 初始观测值抽样权重 $w_i^{(1)} = 1/n$, $i = 1, 2, \ldots, n$.
2. 对于 $m = 1, 2, \ldots, M$ 步:
   (1) 用分类器 $T^{(m)}(\boldsymbol{x})$ 拟合以权重 $\{w_i^{(m)}\}$ 抽样得到的训练集.
   (2) 计算误差:
$$\text{err}^{(m)} = \frac{\sum_{i=1}^{n} w_i \mathbb{I}(c_i \neq T^{(m)}(\boldsymbol{x}_i))}{\sum_{i=1}^{n} w_i^{(m)}}.$$

   (3) 根据指数误差计算确定第 m 个分类器最终发言权的权重:
$$\alpha^{(m)} = \ln \frac{1 - \text{err}^{(m)}}{\text{err}^{(m)}} + \ln(K - 1). \tag{4.5.2}$$

   (4) 设定新权重 ($i = 1, 2, \ldots, n$):
$$w_i^{(m+1)} \leftarrow w_i^{(m)} \text{e}^{\alpha^{(m)} \mathbb{I}(c_i \neq T^{(m)}(\boldsymbol{x}_i))},$$

   并且标准化:
$$w_i^{(m+1)} \leftarrow w_i^{(m+1)} / \sum_{i=1}^{n} w_i^{(m+1)}.$$

3. 输出:
$$C(\boldsymbol{x}) = \arg\max_{k} \sum_{m=1}^{M} \alpha^{(m)} \mathbb{I}(T^{(m)}(\boldsymbol{x}) = k).$$

AdaBoost 算法和 SAMME 算法的区别在于式 (4.5.1) 和式 (4.5.2), 后者比前者多了一项 $\ln(K - 1)$. 对于二分类问题, 即 $K = 2$ 时, 两者是相同的. 因此后者在二分类时和 AdaBoost 表现一样出色, 并且适应了多分类问题, 细节参阅 Zhu et al. (2009). SAMME 的另一版本是

SAMME.R, 据说它比 SAMME 要快一些, 但精确度差不多, 它与 SAMME 的主要区别在于考虑损失的总体分布版本而不是经验分布版本, 使用加权概率来做可加模型的更新.

4.6 组合算法对两个数据的交叉验证

4.6.1 三种组合算法及线性回归模型对例 3.1 数据回归的 10 折交叉验证

下面是三种组合算法及线性回归模型对例 3.1 服装业生产率数据回归的交叉验证的 R 代码, 生成了这四种方法 10 折交叉验证的 NMSE 图 (见图 4.6.1), 图上展示的交叉验证结果很清楚, 不必做更多说明.

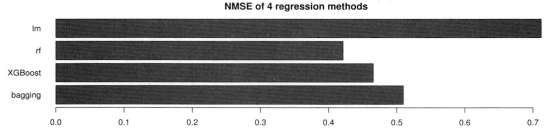

图 4.6.1 三种组合算法及线性回归模型对例 3.1 服装业生产率数据回归的交叉验证

```
w=read.csv('garmentsF.csv',stringsAsFactors = TRUE)[,-1]
w[,4]=factor(w[,4])
library(ipred);library(xgboost);library(randomForest)
D=14;Z=10;n=nrow(w);set.seed(1010);Vid=14
I=sample(rep(1:Z,ceiling(n/Z)))[1:n]
M=mean((w[,D]-mean(w[,D]))^2)
gg=formula(paste(names(w)[D], '~.'))
pred=matrix(999,n,4)
for(i in 1:Z){
  m=(I==i)
  pred[m,1]=ipred::bagging(gg,nbagg=100,data=w[!m,])%>%
    predict(w[m,])
  pred[m,2]=Xgboost(w[!m,],w[m,],Vid)
  pred[m,3]=randomForest(gg,data=w[!m,])%>%
    predict(w[m,])
  pred[m,4]=lm(gg,w[!m,])%>%
    predict(w[m,])
}
nmse=apply((sweep(pred,1,w[,D],'-'))^2,2,mean)/M;
NMSE=data.frame(nmse)

barplot(nmse,names.arg =c('bagging','XGBoost','rf','lm'),
        main = 'NMSE of 4 regression methods',
        cex.names = 1, col = 4,las=1,horiz = TRUE)
```

4.6.2 若干组合算法及线性判别分析对例 4.3 数据的交叉验证

下面用 3 种组合算法及线性判别分析 (LDA) 对例 4.3 数字笔迹识别数据做分类的交叉验证 (见图 4.6.2). 这里的测试集是该例子事先安排的. 经典的线性判别分析在这里仅仅作为对照, 通常在多元分析教材中介绍, 但本书不予以介绍. 图 4.6.2 所显示的结果是显而易见的, 我们不做过多的解释.

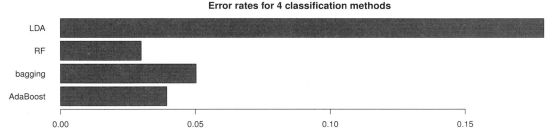

图 4.6.2 3 种组合算法及线性判别分析对例 4.3 数字笔迹识别数据的交叉验证

下面是交叉验证及生成图 4.6.2 的 R 代码:

```
library(tidyr)
library(MASS);library(adabag);library(randomForest);library(ipred)
w=read.csv("pendigits.csv")
w[,17]=factor(w[,17])
m=1:3498 #测试集

D=17;Z=10;n=nrow(w)
ff=formula(paste(names(w)[D],"~."))

pred=w[m,rep(17,4)]
pred[,1]=boosting(ff,w[-m,]) %>% predict(w[m,]) %>% .$class
pred[,2]=ipred::bagging(ff,data =w[-m,])%>% predict(w[m,])
pred[,3]=randomForest(ff,data=w[-m,])%>%    predict(w[m,])
pred[,4]=lda(ff,w[-m,]) %>% predict(w[m,]) %>% .$class

par(mar=c(2,5,2,1))
err=apply(sweep(pred,1,w[m,D],"!="),2,mean)
barplot(err,names.arg =c("AdaBoost","bagging","RF","LDA"),
        main =  'Error rates for 4 classification methods',
        cex.names = 1, col = 4,las=1,horiz = TRUE)
```

4.7 习 题

1. 请试着讨论为什么一棵决策树的算法不如多棵决策树组合的算法.
2. 使用基于 100 棵决策树的 bagging 做分类 (或回归) 所得到的预测误判率 (或 MSE) 是否等于来自 100 棵决策树的 100 个误判率 (或 MSE) 的均值? 如果回答为 "否", 请说明是如何计算的.

3. 对例 4.2 Ames 住房数据选择各种机器学习 (包括组合) 算法做回归的 10 折交叉验证, 得到各种算法的 NMSE.
4. 在第 3 题中, 试着使用最小二乘线性回归做类似的 10 折交叉验证. 请讨论计算中可能出现的问题及产生该问题的原因.
5. 对例 4.1 蘑菇可食性数据选择各种机器学习 (包括组合) 算法做分类的 10 折交叉验证, 得到各种算法的误判率和混淆矩阵.
6. 在第 5 题中, 试着使用 Logistic 回归及线性判别分析做类似的分类的 10 折交叉验证. 请讨论计算中可能出现的问题及产生该问题的原因.
7. 对例 3.6 皮肤病数据选择各种机器学习 (包括组合) 算法做分类的 10 折交叉验证, 得到各种算法的误判率和混淆矩阵.
8. 在第 7 题中, 试着使用线性判别分析做类似的分类的 10 折交叉验证. 请讨论计算中可能出现的问题及产生该问题的原因.

4.8 附录: 正文中没有的 R 代码

生成图 4.1.1 的 R 代码为:

```
w=read.csv('mushroom.csv',stringsAsFactors = TRUE)
library(tidyverse)
library(rpart.plot)
layout(t(1:3))
n1=scan('obs.txt')
(a=rpart(type~.,data=w)) %>% rpart.plot(extra = T)
(ap=rpart(type~.,data=w[,-6])) %>% rpart.plot(extra = T)
(az=rpart(type~.,data=w[n1,])) %>% rpart.plot(extra = T)#obs.txt=>n1
```

生成图 4.1.2 的 R 代码为:

```
library(polyreg)
u=read.csv("ethanol.csv",stringsAsFactors = TRUE)
n=nrow(u)
set.seed(1010);train_id=sample(1:n,n/2)
u1=u[train_id,c(2,3,1)];u2=u[-train_id,c(2,3,1)]
Degrees=0:10
P1=NULL->P2
for(i in 1:length(Degrees)){
  a=polyFit(u1,deg=Degrees[i])
  P1=cbind(P1,predict(a,u1))
  P2=cbind(P2,predict(a,u2))
}
D=3
M1=sum((u1[,D]-mean(u1[,D]))^2)
M2=sum((u2[,D]-mean(u2[,D]))^2)
```

```
nmse1=sapply(data.frame(P1),function(x){sum((u1[,D]-x)^2)/M1})
nmse2=sapply(data.frame(P2),function(x){sum((u2[,D]-x)^2)/M2})
NMSE=data.frame(row.names = Degrees,train=nmse1,test=nmse2)
matplot(Degrees,NMSE,type='l',xaxt='n',lwd=2)
Axis(Degrees, side=1, at = Degrees,xlab='Degrees')
legend('topleft',c('NMSE for the training set',
    'NMSE for the testing set'),lwd=2,lty=1:2,col=1:2)
title('Polynomial regression for different degrees')
```

生成图 4.1.3 的 R 代码为 (这里使用了自编函数 Xgboost):

```
Xgboost=function(w1,w2,vid,Not=60){
  library(xgboost)
  xgb1=xgb.DMatrix(data =  data.matrix(model.matrix(~.,w1[,-vid])),
                   label = w1[,vid])
  xgb2=xgb.DMatrix(data =  data.matrix(model.matrix(~.,w2[,-vid])),
                   label = w2[,vid])
  pp=xgboost(data = xgb1, max.depth = 5,
             nrounds = 60, verbose = 0) %>% predict(xgb2)
  if (is.numeric(w1[,vid])){
    return(pp)
  } else{
    pp[(pp<1)] = 1
    pp[(pp>length(levels(w2[,vid])))] = length(levels(w2[,vid]))
    yhat = levels(w2[,vid])[round(pp)]
    return(yhat) }
}

library(ipred);library(tidyr);library(randomForest);library(xgboost)#library(gbm)
NMSE=function(y,yhat) sum((y-yhat)^2)/sum((y-mean(y))^2)
u=read.csv('ames.csv',stringsAsFactors = TRUE)
n=nrow(u);Vid=79 #因变量位置=29
set.seed(1010);train_id=sample(1:n,n/2)
u0=u[train_id,];u1=u[-train_id,]
RES2=NULL
for (i in seq(1,500,10)) {
  b0=ipred::bagging(Sale_Price~.,data=u0,nbagg=i)
  bag_train= b0%>% predict(u0) %>% NMSE(u0$Sale_Price,.)
  bag_test= b0 %>% predict(u1) %>% NMSE(u1$Sale_Price,.)
  rf0=randomForest(Sale_Price~.,data=u0,ntree=i)
  rf_train= rf0 %>% predict(u0)%>% NMSE(u0$Sale_Price,.)
  rf_test= rf0 %>% predict(u1)%>% NMSE(u1$Sale_Price,.)
  xgb_train=NMSE(u0$Sale_Price,Xgboost(u0,u0,vid=Vid,Not = i))
  xgb_test=NMSE(u1$Sale_Price,Xgboost(u0,u1,vid=Vid,Not = i))
  RES2=rbind(RES2,c(bag_train,bag_test,rf_train,rf_test,xgb_train,xgb_test))
}
layout(1)
RES2=data.frame(RES2)
names(RES2)=c("bag_train","bag_test","rf_train","rf_test","xgb_train","xgb_test")
matplot(seq(1,500,10),as.matrix(RES2),type='l',col=c(1,1,2,2,4,4),
        ylab="NMSE",xlab="Number of trees",lwd = 3,lty=1:6)
```

```
title("NMSE of training and testing sets for 3 regression models")
legend(450,0.29,names(RES2),col=c(1,1,2,2,4,4),lwd = 3,lty=1:6,cex=.7)
```

生成表 4.1.4 和图 4.1.4 的 R 代码为:

```
(tab=rbind(apply(RES2,2,median),apply(RES2,2,mean)))
M3=rbind(apply(RES2[,c(2,4,6)],2,median),apply(RES2[,c(2,4,6)],2,mean))
rownames(M3)=c('median','mean')
colnames(M3)=names(RES2)[c(2,4,6)]
par(mar=c(2,5,2,1))
barplot(M3,horiz=T,las=1,beside = T,col=c("yellow","blue"),
        main = "Means and medians of NMSE of testing sets for 3 methods")
legend('right',rownames(M3),fill=c("yellow","blue"))
```

4.9 附录: 本章的 Python 代码

4.9.1 4.1 节的 Python 代码

生成表 4.9.1 (表中列联表的行代表真实值, 列代表预测值) 和图 4.9.1 的 Python 代码为:

```
from sklearn.tree import DecisionTreeClassifier
from sklearn import preprocessing
from sklearn import tree
import graphviz
from sklearn.metrics import confusion_matrix
w=pd.read_csv("mushroom.csv")
X=pd.get_dummies(w.iloc[:,1:],drop_first=False)
y=w['type']
T5=DecisionTreeClassifier(max_depth=5,random_state=0)
T5.fit(X,y)
confusion_matrix(y, T5.predict(X)),np.mean(y!=T5.predict(X))
dot_data=tree.export_graphviz(T5,out_file=None,
                feature_names = X.columns,rounded=True, filled=True)
graph = graphviz.Source(dot_data)
w1=w.drop('odor', axis=1)
X1=pd.get_dummies(w1.iloc[:,1:],drop_first=False)
y1=w1['type']
T5.fit(X1,y1)
confusion_matrix(y1, T5.predict(X1)),np.mean(y1!=T5.predict(X1))
dot_data=tree.export_graphviz(T5,out_file=None,
                feature_names = X.columns,rounded=True, filled=True)
graph = graphviz.Source(dot_data)
n1=pd.read_csv("obs.csv")-1
n1=np.array(n1).reshape(-1)
T5=DecisionTreeClassifier(max_depth=6,random_state=0)
```

```
T5.fit(X.iloc[n1,:],y.iloc[n1])
confusion_matrix(y.iloc[n1], T5.predict(X.iloc[n1,:])),
                np.mean(y.iloc[n1]!=T5.predict(X.iloc[n1,:]))
dot_data=tree.export_graphviz(T5,out_file=None,
                feature_names = X.columns,rounded=True, filled=True)
graph = graphviz.Source(dot_data)
```

表 4.9.1　三棵决策树对例 4.1 蘑菇可食性数据预测的混淆矩阵

	初始情况		删除变量情况		数据变化情况	
	e	p	e	p	e	p
e	4208	0	4148	60	1605	11
p	3	3913	0	3916	0	6508

图 4.9.1　例 4.1 蘑菇可食性数据的决策树: 无干预 (左), 去除一个变量 (中), 改变数据 (右)

为生成图 4.9.2 和图 4.9.3 的 Python 计算代码为:

```
from sklearn.ensemble import BaggingRegressor,\
    RandomForestRegressor
from xgboost import XGBRegressor

w=pd.read_csv("ames.csv")
y=w["Sale_Price"]
X=pd.get_dummies(w.drop('Sale_Price', axis=1),drop_first=False)
n=len(y)

np.random.seed(1010)
train_id=np.random.choice(np.arange(n),int(n/2),replace=False)
test_id=np.setdiff1d(np.arange(n), train_id, assume_unique=False)

X0=X.iloc[train_id,:];X1=X.iloc[test_id,:]
y0=y.iloc[train_id];y1=y.iloc[test_id]

m0=((y0-np.mean(y0))**2).sum()
m1=((y1-np.mean(y1))**2).sum()
def nmse9(pred,y,m):
```

```
        return ((y-pred)**2).sum()/m

RES2=[]
m0=((y0-np.mean(y0))**2).sum()
m1=((y1-np.mean(y1))**2).sum()
for i in np.arange(1,500,10):
    bag=BaggingRegressor(n_estimators=i)
    rf=RandomForestRegressor(n_estimators=i)
    xgb=XGBRegressor(n_estimators=i)
    bag.fit(X0,y0)
    bag_train=nmse9(y0,bag.predict(X0),m0)
    bag_test=nmse9(y1,bag.predict(X1),m1)
    rf.fit(X0,y0)
    rf_train=nmse9(y0,rf.predict(X0),m0)
    rf_test=nmse9(y1,rf.predict(X1),m1)
    xgb.fit(X0,y0)
    xgb_train=nmse9(y0,xgb.predict(X0),m0)
    xgb_test=nmse9(y1,xgb.predict(X1),m1)
    RES2.append([bag_train,bag_test,rf_train,rf_test,xgb_train,xgb_test])

RES4=pd.DataFrame(RES2)
RES4.columns=('bag_train','bag_test','rf_train','rf_test',
              'xgb_train','xgb_test')
```

图 4.9.2 和图 4.9.3 的绘图代码为:

```
RES4.plot(style=['bs-','ro-','y^-','bs-','go-','b^-'],figsize=(20,5))

pd.DataFrame({'Median':RES4.iloc[:,[1,3,5]].median(),
              'Mean':RES4.iloc[:,[1,3,5]].mean()}).\
  plot(kind='barh',figsize=(20,5),
       title="Means and medians of NMSE of testing sets for 3 methods")
```

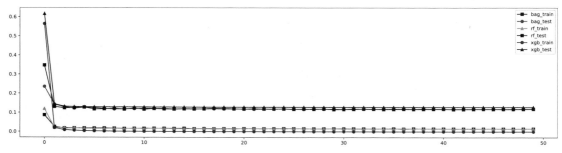

图 4.9.2　例 4.2 Ames 住房数据三种方法, 基础学习器个数及训练集和测试集的 NMSE

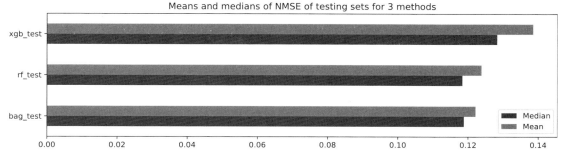

图 4.9.3　例 4.2 Ames 住房数据三种方法测试集 NMSE 的均值和中位数

4.9.2　4.2 节的 Python 代码

仍然使用例 4.2 Ames 住房数据 (不再输入).

```
from sklearn.ensemble import BaggingRegressor
bag_reg=BaggingRegressor(n_estimators=100, oob_score=True)
bag_reg.fit(X0,y0)
print('NMSE =',
      ((y1-bag_reg.predict(X1))**2).sum()/((y1-y1.mean())**2).sum(),
      'OOB-NMSE =',1-bag_reg.oob_score_)
```

输出为:

```
NMSE = 0.12088454079796539 OOB-NMSE = 0.12749693765128955
```

例 3.6 皮肤病数据:

```
w=pd.read_csv('derm.csv')
y=pd.get_dummies(w['V35'].astype('category'))@range(6)
X=pd.get_dummies(w.iloc[:,:-2].astype('category'))
X['V34']=w['V34']
from sklearn.ensemble import BaggingClassifier
bag_clf = BaggingClassifier(n_estimators=100, oob_score=True)
bag_clf.fit(X,y)
print('Error for training set =',1-bag_clf.score(X,y),'OOB-error rate =',
      1-bag_clf.oob_score_)
```

输出的 OOB 交叉验证误判率为 0.03279, 由于随机性, 每次运行时结果会有所不同.

4.9.3　4.3 节的 Python 代码

```
from sklearn.ensemble import RandomForestRegressor
rf_reg = RandomForestRegressor(oob_score=True)
w=pd.read_csv("ames.csv")
y=w["Sale_Price"]
```

```
X=pd.get_dummies(w.drop('Sale_Price', axis=1),drop_first=False)
rf_reg.fit(X,y)
print("OOB-NMSE =",1-rf_reg.oob_score_)
```

输出的 OOB NMSE 为 0.10626, 由于随机性, 每次运算结果会有出入.

图 4.9.4 是用下面的 Python 代码生成的:

```
forest_imp = pd.Series(rf_reg.feature_importances_, index=X.columns)
forest_imp.sort_values(ascending=False)[:25].plot(kind='barh',
   figsize=(15,5),title="Variable importance in random forest regression")
```

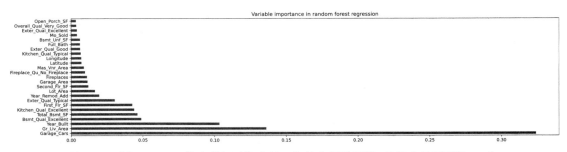

图 4.9.4　例 4.2 Ames 住房数据随机森林回归的变量重要性 (只标出最重要的 25 个)

```
from sklearn.ensemble import RandomForestClassifier
rf_clf = RandomForestClassifier(oob_score=True)
w=pd.read_csv("derm.csv")
X=w.iloc[:,:-1];y=w["V35"].astype('category')
X[X.columns[:-1]]=X[X.columns[:-1]].astype('category')
X=pd.get_dummies(X,drop_first=False)
rf_clf.fit(X,y)
print("OOB-error =",1-rf_clf.oob_score_)
```

输出的 OOB 误判率为 0.02186, 由于随机性, 每次运算结果会有出入.

生成皮肤病数据随机森林回归的变量重要性 (只标出最重要的 30 个) 图 (见图 4.9.5).

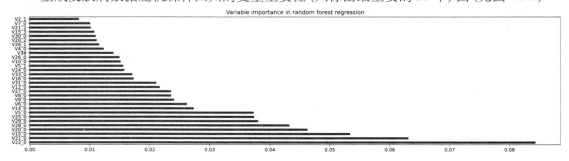

图 4.9.5　例 3.6 皮肤病数据随机森林回归的变量重要性 (只标出最重要的 30 个)

```
rf_clf_imp = pd.Series(rf_clf.feature_importances_, index=X.columns)
rf_clf_imp.sort_values(ascending=False)[:30].plot(kind='barh',
    figsize=(20,5),title="Variable importance in random forest regression")
```

4.9.4　4.4 节的 Python 代码

例 4.2 Ames 住房数据回归.

```
from xgboost import XGBRegressor
xgb_reg=XGBRegressor(max_depth=5)

w=pd.read_csv("ames.csv")
y=w["Sale_Price"]
X=pd.get_dummies(w.drop('Sale_Price', axis=1),drop_first=False)
xgb_reg.fit(X,y)

from sklearn.model_selection import train_test_split
X_train,X_test,y_train,y_test = train_test_split(X, y, random_state=1010)
xgb_reg.fit(X_train, y_train)
print('NMSE for testing set:',1-xgb_reg.score(X_test, y_test))
```

输出为:

```
NMSE for testing set: 0.07189373171907898
```

图 4.9.6 是用下面的 Python 代码生成的 (从包括哑元化的定性变量共 352 个变量中选择最重要的 30 个):

```
xgb_reg_imp = pd.Series(xgb_reg.feature_importances_, index=X.columns)
xgb_reg_imp.sort_values(ascending=False)[:30].plot(kind='barh',
    figsize=(20,5),
    title="Variable importance in XGBoost regression")
```

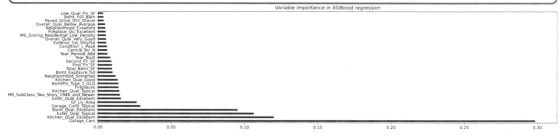

图 4.9.6　例 4.2 Ames 住房数据 XGBoost 回归的变量重要性 (只标出最重要的 30 个)

```
#自编交叉验证函数, 利用了前面自编的分折函数Fold
def CVCLF(X,y,clf, Z=10,seed=1010):
    n=len(y)
```

```
        Zid=Fold(y,Z,seed=seed)
        pred=np.copy(y)
        np.random.shuffle(np.array(pred))
        for j in range(Z):
            clf.fit(X[Zid!=j],y[Zid!=j])
            pred[Zid==j]=clf.predict(X[Zid==j])
        return({'pred':pred,'error':np.mean(y!=pred)})

w=pd.read_csv('derm.csv')
y=pd.get_dummies(w['V35'].astype('category'))@range(6)
X=pd.get_dummies(w.iloc[:,:-2].astype('category'))
X['V34']=w['V34']

from xgboost import XGBClassifier
xgb_clf=XGBClassifier(max_depth=5)
#10折交叉验证
Res=CVCLF(X,y,xgb_clf)
#打印交叉验证混淆矩阵和误判率
from sklearn.metrics import confusion_matrix
confusion_matrix(y, Res['pred']),Res['error']
```

输出为:

```
(array([[112,    0,    0,    0,    0,    0],
        [  1,   57,    0,    3,    0,    0],
        [  0,    0,   71,    0,    1,    0],
        [  0,    4,    0,   45,    0,    0],
        [  0,    0,    0,    0,   52,    0],
        [  0,    0,    0,    0,    0,   20]]),
 0.02459016393442623)
```

图 4.9.7 显示了从包括哑元化的定性变量共 130 个变量中选择的最重要的 30 个.

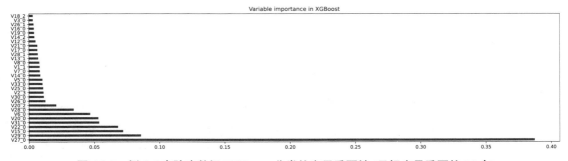

图 4.9.7 例 3.6 皮肤病数据 **XGBoost** 分类的变量重要性 (只标出最重要的 30 个)

图 4.9.7 是用下面的 Python 代码生成的:

```
xgb_clf.fit(X,y)
xgb_clf_imp = pd.Series(xgb_clf.feature_importances_, index=X.columns)
xgb_clf_imp.sort_values(ascending=False)[:30].plot(kind='barh',
    figsize=(20,5),title="Variable importance in XGBoost")
```

4.9.5　4.5 节的 Python 代码

例 4.2 Ames 住房数据的 AdaBoost 回归.

```
from sklearn.tree import DecisionTreeRegressor
from sklearn.ensemble import AdaBoostRegressor
adb_reg = AdaBoostRegressor(estimator=\
    DecisionTreeRegressor(max_depth=5),n_estimators=100)

w=pd.read_csv("ames.csv")
y=w["Sale_Price"]
X=pd.get_dummies(w.drop('Sale_Price', axis=1),drop_first=False)
adb_reg.fit(X,y)

from sklearn.model_selection import train_test_split
X_train,X_test,y_train,y_test = train_test_split(X, y, random_state=1010)
adb_reg.fit(X_train, y_train)
print('NMSE for testing set:',1-adb_reg.score(X_test, y_test))
```

输出的测试集的 NMSE 为 0.09136, 由于随机性, 每次运行时结果会有所不同.

图 4.9.8 是用下面的 Python 代码生成的 (从包括哑元化的定性变量共 352 个变量中选择最重要的 30 个):

```
adb_reg_imp = pd.Series(adb_reg.feature_importances_, index=X.columns)
adb_reg_imp.sort_values(ascending=False)[:30].plot(kind='barh',
    figsize=(20,5),
    title="Variable importance in AdaBoost")
```

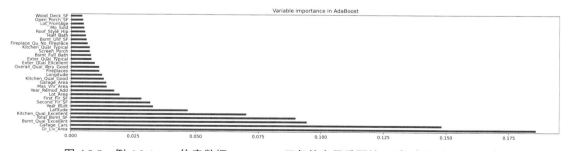

图 4.9.8　例 4.2 Ames 住房数据 AdaBoost 回归的变量重要性 (只标出最重要的 30 个)

```
w=pd.read_csv('derm.csv')
y=pd.get_dummies(w['V35'].astype('category'))@range(6)
X=pd.get_dummies(w.iloc[:,:-2].astype('category'))
X['V34']=w['V34']
X=pd.get_dummies(X,drop_first=False)
from sklearn.tree import DecisionTreeClassifier
from sklearn.ensemble import AdaBoostClassifier
    adb_clf = AdaBoostClassifier(
        estimator=DecisionTreeClassifier(max_depth=5),
        algorithm='SAMME',n_estimators=100, random_state=0)
#10折交叉验证,利用了自编交叉验证函数CVCLF及Fold分折函数
Res_adb=CVCLF(X,y,adb_clf)

#打印交叉验证混淆矩阵和误判率
from sklearn.metrics import confusion_matrix
confusion_matrix(y, Res_adb['pred']),Res_adb['error']
```

输出为(由于随机性,每次运行结果可能不同):

```
(array([[112,   0,   0,   0,   0,   0],
        [  0,  56,   0,   4,   0,   1],
        [  0,   0,  71,   0,   1,   0],
        [  0,   3,   0,  46,   0,   0],
        [  0,   0,   0,   0,  52,   0],
        [  0,   0,   0,   0,   0,  20]]),
 0.02459016393442623)
```

生成皮肤病数据 AdaBoost 分类的变量重要性(只标出最重要的 30 个)图(见图 4.9.9).

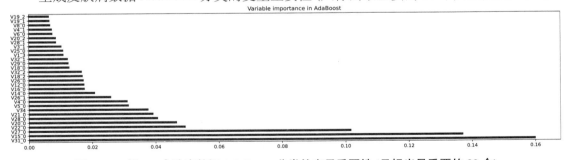

图 4.9.9 例 3.6 皮肤病数据 AdaBoost 分类的变量重要性(只标出最重要的 30 个)

图 4.9.9 是用下面的 Python 代码生成的:

```
adb_clf.fit(X,y)
adb_clf_imp = pd.Series(adb_clf.feature_importances_, index=X.columns)
adb_clf_imp.sort_values(ascending=False)[:30].plot(kind='barh',
   figsize=(20,5),title="Variable importance in AdaBoost")
```

4.9.6 4.6 节的 Python 代码

例 4.2 Ames 住房数据 4 种算法的回归交叉验证. 首先载入需要的程序包:

```
from sklearn.ensemble import BaggingRegressor
from sklearn.ensemble import RandomForestRegressor
from sklearn.linear_model import LinearRegression
from xgboost import XGBRegressor
```

计算例 4.2 Ames 住房数据 4 种算法的回归交叉验证 (见图 4.9.10).

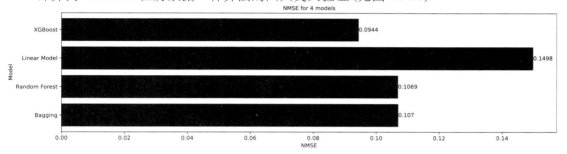

图 4.9.10 例 4.2 Ames 住房数据 4 种算法的回归交叉验证

下面生成图 4.9.10 的 Python 代码利用了自编的 RegCV、Rfold 及 BarPlot 函数.

```
def RegCV(X,y,regress, Z=10, seed=8888, trace=True):
    from datetime import datetime
    n=len(y)
    zid=Rfold(n,Z,seed)
    YPred=dict();
    M=np.sum((y-np.mean(y))**2)
    A=dict()
    for i in regress:
        if trace: print(i,'\n',datetime.now())
        Y_pred=np.zeros(n)
        for j in range(Z):
            reg=regress[i]
            reg.fit(X[zid!=j],y[zid!=j])
            Y_pred[zid==j]=reg.predict(X[zid==j])
        YPred[i]=Y_pred
        A[i]=np.sum((y-YPred[i])**2)/M
    if trace: print(datetime.now())
    R=pd.DataFrame(YPred)
    return R,A

def Rfold(n,Z,seed):
    zid=(list(range(Z))*int(n/Z+1))[:n]
    np.random.seed(seed)
```

```python
        np.random.shuffle(zid)
        return(np.array(zid))

def BarPlot(A,xlab='',ylab='',title='',size=[None,None,None,None,None]):
    import matplotlib.pyplot as plt
    plt.figure(figsize = (16,4))
    plt.barh(range(len(A)), A.values(), color = 'navy')
    plt.xlabel(xlab,size=size[0])
    plt.ylabel(ylab,size=size[1])
    plt.title(title,size=size[2])
    plt.yticks(np.arange(len(A)),A.keys(),size=size[3])
    for v,u in enumerate(A.values()):
        plt.text(u, v, str(round(u,4)), va = 'center',
                 color='navy',size=size[4])
    plt.show()
w=pd.read_csv("ames.csv")
y=w["Sale_Price"]
X=pd.get_dummies(w.drop('Sale_Price', axis=1),drop_first=False)

REG={'Bagging': BaggingRegressor(n_estimators=100, random_state=1010),
 'Random Forest': RandomForestRegressor(n_estimators=500,
   random_state=1010),
 'Linear Model': LinearRegression(),
 'XGBoost': XGBRegressor(max_depth=5)}

RR,AR=RegCV(X,y,REG,seed=1010)
xlab='NMSE'
ylab='Model'
title='NMSE for 4 models'
BarPlot(AR,xlab,ylab,title)
```

计算例 4.3 数字笔迹识别数据 5 种算法的分类交叉验证 (见图 4.9.11).

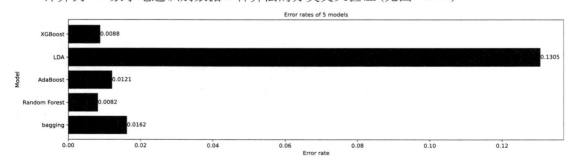

图 **4.9.11** 例 **4.3** 数字笔迹识别数据 **5** 种算法的分类交叉验证

生成图 4.9.11 的 Python 代码为 (利用了自编的 `Fold` 函数及 `BarPlot` 函数):

```python
from sklearn.ensemble import RandomForestClassifier, AdaBoostClassifier,\
BaggingClassifier
from sklearn.discriminant_analysis import LinearDiscriminantAnalysis
from xgboost import XGBClassifier
from sklearn.tree import DecisionTreeClassifier

v=pd.read_csv("pendigits.csv")
X=v.iloc[:,:-1];y=v["V17"].astype('category')

CLS={'bagging': BaggingClassifier(n_estimators=100,
                                  random_state=1010),
 'Random Forest': RandomForestClassifier(n_estimators=500,
                                         random_state=0),
 'AdaBoost': AdaBoostClassifier(
     estimator=DecisionTreeClassifier(max_depth=5),
                 n_estimators=100, random_state=0, algorithm='SAMME'),
 'LDA': LinearDiscriminantAnalysis(),
 'XGBoost': XGBClassifier(max_depth=5, random_state=0)}

from datetime import datetime
Z=10
Zid=Fold(y,Z=10,seed=8888)
YCPred=dict();
for i in CLS:
    print(i,'\n',datetime.now())
    Y_pred=np.zeros(len(y))
    for j in range(Z):
        clf=CLS[i]
        clf.fit(X[Zid!=j],y[Zid!=j])
        Y_pred[Zid==j]=clf.predict(X[Zid==j])
    YCPred[i]=Y_pred
    print(datetime.now())
R=pd.DataFrame(YCPred)

A=dict()
for i in CLS:
    A[i]=np.mean(y!=R[i])
BarPlot(A,'Error rate','Model','Error rates of 5 models')
```

第 5 章 神经网络

5.1 基本概念

5.1.1 从一个回归神经网络说起

神经网络既可以做回归, 也可以做分类, 而且是深度学习的基石. 图 5.1.1 是用例 3.3 乙醇燃烧数据训练的神经网络图. 图 5.1.1 是由下面的 R 代码生成的:

```
w=read.csv("ethanol.csv",stringsAsFactors = TRUE)
library(neuralnet)
set.seed(8888)
nn=neuralnet(NOx~.,data=w, hidden=3,act.fct = "logistic",
             linear.output = T)
a=compute(nn,w)
plot(nn, rep = 'best')
```

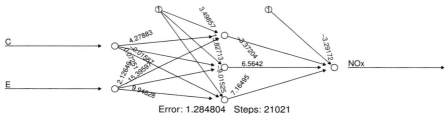

图 5.1.1　例 3.3 乙醇燃烧数据训练的神经网络图

图 5.1.1 有 3 层:

1. 左边是**输入层** (input layer), 其两个节点代表两个自变量 (C 和 E) 的输入值, 用 $H^{(1)} = [1, X]$ 表示输入层变量数据矩阵, 这里加了常数 1 作为第一列, 对于例 3.3 乙醇燃烧数据, $H^{(1)}$ 为 $n \times 3$ (这里 $n = 88$) 阶矩阵.
2. 中间是有 3 个节点 (节点个数是自选的) 的**隐藏层** (hidden layer), 其每个节点代表以输入层变量 (包括一常数项) $H^{(1)}$ 的线性组合 (权重为 $W^{(1)}$) 为变元的函数 $\sigma^{(1)}()$ 的值
$$\sigma^{(1)}\left(H^{(1)}W^{(1)}\right),$$
这里的权重 $W^{(1)}$ 是用多次迭代 (后文会介绍) 逼近得到的, 为 3×3 阶矩阵 (第一维等于 3 是因为 $H^{(1)}$ 的第二维等于 3, 而第二个 3 等于隐藏层个数); 函数 $\sigma^{(1)}()$ 称为**激活函数** (activation function), 也是根据需要所选的, 这里选的是 logistic 函数 $\sigma^{(1)}(x) = 1/(1 + \exp(-x))$. 记上面的矩阵 (增加一列常数) 为 $H^{(2)} = [1, \sigma^{(1)}\left(H^{(1)}W^{(1)}\right)]$, 这是

3×4 阶矩阵.

3. 最右边是有 1 个节点 (因只有一个因变量) 的**输出层** (output layer), 其代表隐藏层变量 (包括一常数项) $\boldsymbol{H}^{(2)}$ 的线性组合 (权重为 $\boldsymbol{W}^{(2)}$) 作为另一个激活函数 $\sigma^{(2)}()$ 的值

$$\hat{\boldsymbol{y}} = \boldsymbol{H}^{(3)} = \sigma^{(2)}\left(\boldsymbol{H}^{(2)}\boldsymbol{W}^{(2)}\right).$$

我们的例子中采用的激活函数 $\sigma^{(2)}()$ 为恒等函数 ($\sigma^{(2)}(x) = x$).

图 5.1.1 中显示的数字为迭代后使得误差达到要求的权重 $\boldsymbol{W}^{(\ell)}$ ($\ell = 1, 2$):

$$\boldsymbol{W}^{(1)} = \begin{bmatrix} 3.498571 & 15.82712677 & -9.01525309 \\ 4.278831 & -0.01586685 & 0.07251068 \\ 2.126491 & -15.39596997 & 9.94628069 \end{bmatrix}, \quad \boldsymbol{W}^{(2)} = \begin{bmatrix} -3.291718 \\ -3.372044 \\ 6.564198 \\ 7.164947 \end{bmatrix}.$$

通过研究图 5.1.1 显示的神经网络, 人们自然会产生下面的疑问:

1. 神经网络是不是自变量的简单线性组合? 它和线性回归有什么区别?
2. 神经网络中的激活函数是如何选择的?
3. 根据需要, 人们可能选用有多个隐藏层的神经网络, 那么如何在多层神经网络中得到权重的估计值?

下面的讨论将会逐一解答这些疑问.

5.1.2 和线性模型的区别

多重线性组合 (线性组合的线性组合) 的结果就是线性组合. 线性模型的系数就是自变量线性组合的权重, 那么线性模型和神经网络有什么区别呢? 神经网络由于其激活函数 (比如 $\sigma()$) 的存在, 其每一层的结果不仅仅是自变量或前一层结果 (比如 $\boldsymbol{H}$) 的简单线性组合. 神经网络在每层都计算了线性组合 (比如 $\boldsymbol{HW}$), 但每层的最终结果是线性组合的函数 (比如 $\sigma(\boldsymbol{HW})$), 这种结果的表示总体上称为**前向传播** (forward propagation). 下面假定第 ℓ 层的输入值 $\boldsymbol{H}^{(\ell)}$ 都是前一层结果 $\sigma^{(\ell-1)}\left(\boldsymbol{H}^{(\ell-1)}\boldsymbol{W}^{(\ell-1)}\right)$ 自动增加一列常数项形成的, 因此式 (5.1.1) 写成等式, 这不影响后续的分析, 而且一般的神经网络不一定要加常数项. 记总层数为 L:

$$\boldsymbol{H}^{(1)} = [\boldsymbol{1}, \boldsymbol{X}]$$
$$\ldots$$
$$\boldsymbol{H}^{(\ell)} = \sigma^{(\ell-1)}\left(\boldsymbol{H}^{(\ell-1)}\boldsymbol{W}^{(\ell-1)}\right) \quad (1 < \ell < L) \tag{5.1.1}$$
$$\ldots$$
$$\hat{\boldsymbol{y}} = \boldsymbol{H}^{(L)} = \sigma^{(L-1)}\left(\boldsymbol{H}^{(L-1)}\boldsymbol{W}^{(L-1)}\right)$$

一、和线性模型等价的特例

如果使用没有激活函数的神经网络, 则结果和线性回归类似, 当然, 人们不会在实际应用中使用这种完全没有激活函数 (激活函数为恒等函数: linear.output) 的神经网络. 下面用例 3.3 乙醇燃烧数据比较只有一层但没有激活函数的神经网络回归及最小二乘线性回归的权重及系数, 两个结果没有本质上的区别.

```
> set.seed(1010)
> n0=neuralnet(NOx~.,data=w, hidden=0,linear.output=TRUE,threshold=1E-5)
> n0$weights
[[1]]
[[1]][[1]]
              [,1]
[1,]   2.559097207
[2,]  -0.007108975
[3,]  -0.557134300

> lm(NOx~.,data=w)$coef
  (Intercept)               C               E
  2.559100510    -0.007109045    -0.557136839
```

这时的神经网络如图 5.1.2 所示 (生成图的代码为 plot(n0,rep='best')).

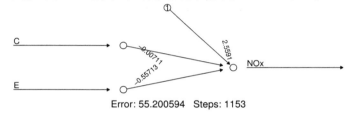

图 5.1.2 例 3.3 乙醇燃烧数据和最小二乘线性模型等价的神经网络模型

二、一般神经网络和线性模型的比较

但是, 如果将一般的神经网络和上述线性回归相比, 拟合情况就很不一样了. 比如, 把数据随机分成两份, 做 2 折交叉验证, 每份轮流为训练集及测试集, 这里选择一个隐藏层 (有 8 个节点), 隐藏层节点处的激活函数为默认的 logistic 函数, 输出层为恒等函数. R 代码为:

```
n=nrow(w)
Z=2;set.seed(1010);I=sample(rep(1:Z,ceiling(n/Z)))[1:n]
pred=matrix(999,nrow=n,ncol=2)
for (i in 1:Z) {
  m=(I==i)
  set.seed(10*(i-1))
  pred[m,1]=neuralnet(NOx~.,data=w[!m,], hidden=8,
           linear.output = TRUE) %>% compute(.,w[m,]) %>% .$net.result
  pred[m,2]=lm(NOx~.,data=w[!m,]) %>% predict(.,w[m,])
}
D=1; M=sum((w[,D]-mean(w[,D]))^2)
nmse=sapply(data.frame(pred),function(x){sum((w[,D]-x)^2)/M})
names(nmse)=c('nnet',"lm"); nmse
```

输出的 NMSE 为:

```
      nnet        lm
0.103209 1.014122
```

上面的结果说明这个神经网络交叉验证的 NMSE 只有最小二乘线性回归的 1/10 左右.

5.1.3 激活函数

激活函数有很多种, 下面是常用的 3 个激活函数. 其中, 第 1 个是 logistic 函数, 第 2 个是双曲正切函数, 第 3 个是 **ReLU 函数** (rectified linear unit).

$$\sigma(x) = \frac{1}{1+\mathrm{e}^{-x}},\ \sigma(x) = \tanh(x),\ \sigma(x) = \max(0, x).$$

上面的前两个函数称为 S 型函数, 这三个激活函数的图形显示在图 5.1.3 中.

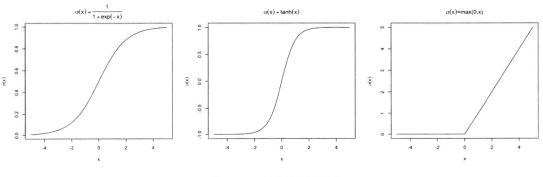

图 5.1.3　三种激活函数图

此外, 还有一种激活函数称为 softmax 函数, 它把一个描述记分的向量转换成总和为 1 的概率向量, 该向量表示潜在结果列表的概率分布:

$$\sigma(y_i) = \frac{\mathrm{e}^{y_i}}{\sum_j \mathrm{e}^{y_j}}.$$

softmax 函数常用于分类问题的输出节点.

上述激活函数有很多变种. 此外, 人们针对不同的目标发明了大量其他类型的激活函数, 这里不做过多介绍.

由于激活函数改变了值域, 因此激活函数用在输出层时 (隐藏层的激活函数不会对输出层的值域有影响), 可能需要对因变量数据做变换, 比如, 在用 S 型激活函数时, 值域在 0～1 之间, 这时相应的值也要变换到相应的值域, 否则无法得到合理的结果. 如果有具有非线性激活函数的隐藏层, 那么输出层可以不用激活函数 (如上面函数 `neuralnet` 中的 "线性" 选项 `linear.output = TRUE`, 即恒等函数), 也就不必要对因变量做变换了.

5.1.4 反向传播: 估计各层权重

反向传播 (back propagation) 是神经网络估计权重的一个主要方法. 这里的公式推导仅限于一个隐藏层的情况.[①] 为了方便, 记 $\boldsymbol{Z}^{(i)} = \boldsymbol{H}^{(i-1)}\boldsymbol{W}^{(i-1)}\ (i>1)$, 并假定每层使用同样

[①]多个隐藏层的公式细节请参阅《深度学习入门——基于 Python 的实现》(吴喜之, 张敏. 中国人民大学出版社, 2021).

的激活函数. 因此, 从输入层到输出层的前向传播为 (注意式中 $\boldsymbol{X} = \boldsymbol{H}^{(1)}$):

$$\hat{\boldsymbol{y}} = \boldsymbol{H}^{(3)} = \sigma\left(\boldsymbol{Z}^{(3)}\right) = \sigma\left(\boldsymbol{H}^{(2)}\boldsymbol{W}^{(2)}\right) = \sigma\left[\sigma\left(\boldsymbol{Z}^{(2)}\right)\boldsymbol{W}^{(2)}\right] = \sigma\left[\sigma\left(\boldsymbol{X}\boldsymbol{W}^{(1)}\right)\boldsymbol{W}^{(2)}\right]. \tag{5.1.2}$$

为了估计权重, 需要一个损失函数作为拟合精度的度量标准, 假定取平方损失, 即 $C(\boldsymbol{y}, \hat{\boldsymbol{y}}) = \|\boldsymbol{y} - \hat{\boldsymbol{y}}\|^2$, 这和普通最小二乘回归的损失函数相同. 回顾微积分中作为复合函数的损失函数对 $\boldsymbol{W}^{(2)}$ 和 $\boldsymbol{W}^{(1)}$ 分别求偏导数的链式法则, 我们得到损失函数对各个阶段权重的导数 (梯度) (下面符号中的 $\dot{\sigma}(\boldsymbol{Z}) = \partial \sigma(\boldsymbol{Z})/\partial \boldsymbol{Z}$):

$$\nabla_2 = \frac{\partial C(\boldsymbol{y}, \hat{\boldsymbol{y}})}{\partial \boldsymbol{W}^{(2)}} = \frac{\partial C(\boldsymbol{y}, \hat{\boldsymbol{y}})}{\partial \hat{\boldsymbol{y}}} \frac{\partial \sigma\left(\boldsymbol{Z}^{(3)}\right)}{\partial \boldsymbol{Z}^{(3)}} \frac{\partial \boldsymbol{H}^{(2)}\boldsymbol{W}^{(2)}}{\partial \boldsymbol{W}^{(2)}} = -2(\boldsymbol{H}^{(2)})^\top \left[(\boldsymbol{y} - \hat{\boldsymbol{y}}) \odot \dot{\sigma}(\boldsymbol{Z}^{(3)})\right]; \tag{5.1.3}$$

$$\begin{aligned}\nabla_1 &= \frac{\partial C(\boldsymbol{y}, \hat{\boldsymbol{y}})}{\partial \boldsymbol{W}^{(1)}} = \frac{\partial C(\boldsymbol{y}, \hat{\boldsymbol{y}})}{\partial \hat{\boldsymbol{y}}} \frac{\partial \sigma\left(\boldsymbol{Z}^{(3)}\right)}{\partial \boldsymbol{Z}^{(3)}} \frac{\partial \sigma\left(\boldsymbol{Z}^{(2)}\right)}{\partial \boldsymbol{Z}^{(2)}} \boldsymbol{W}^{(2)} \frac{\partial \boldsymbol{X}\boldsymbol{W}^{(1)}}{\partial \boldsymbol{W}^{(1)}} \\ &= -2\boldsymbol{X}^\top \left(\left\{\left[(\boldsymbol{y} - \hat{\boldsymbol{y}}) \odot \dot{\sigma}(\boldsymbol{Z}^{(3)})\right](\boldsymbol{W}^{(2)})^\top\right\} \odot \dot{\sigma}\left(\boldsymbol{Z}^{(2)}\right)\right).\end{aligned} \tag{5.1.4}$$

并据此进行权重修正:

$$\begin{aligned}\boldsymbol{W}^{(2)}_{\text{new}} &= \boldsymbol{W}^{(2)}_{\text{old}} - \alpha \nabla_2; \\ \boldsymbol{W}^{(1)}_{\text{new}} &= \boldsymbol{W}^{(1)}_{\text{old}} - \alpha \nabla_1.\end{aligned} \tag{5.1.5}$$

上面的符号 "$\odot$" 是矩阵 (向量) 或同维度数组元素对元素的积, 也称为 Hadamard 积.[①] 这里的权重修正是基于梯度下降法 (参见 4.4.1 节及图 4.4.1).

5.1.5 分类神经网络

分类神经网络和多变量回归类似. 如果因变量有 K 类 (水平), 则输出层有 K 个节点. 最终神经网络的数量预测值也是 K 个, 相应于哪个节点的预测值最大 (或者是如同 softmax 那样的激活函数, 输出的 "概率" 值最大), 则分类的预测值就是相应的类或水平.

对于例 3.4 泰坦尼克乘客数据, 我们用有 1 个隐藏层 (有 5 个节点) 的神经网络做分类 (参见图 5.1.4):

```
u=read.csv('titanicF.csv',stringsAsFactors = TRUE)
library(neuralnet)
u2=fastDummies::dummy_cols(u[,-2],remove_first_dummy=TRUE)
u2$survived=u$survived
u2=u2[,-(1:2)]
library(neuralnet)
set.seed(1010)
t_nn0=neuralnet(survived~.,data=u2, hidden=5,linear.output = FALSE)
t_a0=neuralnet::compute(t_nn0,u2)
rr=ifelse(t_a0$net.result[,1]>t_a0$net.result[,2],'died','survived')
table(u$survived,rr)
```

[①] 如果 $\boldsymbol{A} = (a_{ij})$ 及 $\boldsymbol{B} = (b_{ij})$ 都是 $m \times n$ 阶矩阵, 则这两个矩阵的 Hadamard 积 $\boldsymbol{A} \odot \boldsymbol{B}$ 也是 $m \times n$ 阶矩阵, 其元素为相应元素的乘积: $\boldsymbol{A} \odot \boldsymbol{B} = (a_{ij}b_{ij})$.

```
mean(u$survived!=rr)
plot(t_nn0, rep = 'best')
```

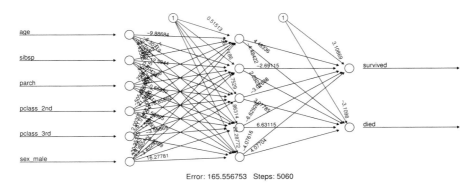

图 5.1.4　例 3.4 泰坦尼克乘客数据的神经网络分类

输出混淆矩阵和误判率:

```
> table(u$survived,rr)
         rr
          died survived
  died     721       88
  survived 146      354
> mean(u$survived!=rr)
[1] 0.1787624
```

如果因变量是 (诸如 0 - 1 哑元表示的) 二水平分类变量, 也可以只用一个输出节点, 如同回归一样, 输出的预测值接近 1 则判为 1, 否则判为 0.

5.2　通过基础编程了解神经网络的细节

使用已有的函数往往会不了解神经网络的工作原理和迭代过程的细节. 为了加深印象, 我们编写一个简单的有 1 个隐藏层 (5 个节点) 的分类神经网络程序. 这里的数据为只包含 6 个观测值、4 个 0 - 1 自变量、一个 0-1 因变量的人造数据 (sim1.csv).

```
> w=read.csv("sim1.csv")
> w
  X1 X2 X3 X4 y
1  0  0  1  1 0
2  0  1  1  0 0
3  1  0  1  0 1
4  1  1  1  0 1
5  1  1  0  0 1
6  0  0  1  0 0
```

定义激活函数及其导数于一个函数 Logit (当选项 d=TRUE 时输出导数), 即
$$\sigma(x) = 1/(1+\exp(-x));$$
$$\frac{\mathrm{d}\sigma(x)}{\mathrm{d}x} = \frac{\mathrm{e}^{-x}}{(1-\mathrm{e}^{-x})^2} = \sigma(x)(1-\sigma(x)).$$

```
Logit=function(x,d=FALSE){
  if (d==TRUE){
    return (x*(1-x))
  } else
    return (1/(1+exp(-x)))
}
```

下面计算前向传播及反向传播.

```
set.seed(1010)
w1=matrix(runif(ncol(X)*5),ncol(X),5)
w2=matrix(runif(5),5,1)
alpha=0.5
k=100 #最多迭代次数

for (j in 1:k){
  h2 = Logit(X%*%w1,FALSE)
  h3 = Logit(h2%*%w2,FALSE)
  D_2 = (y - h3) * Logit(h3,TRUE)
  D_1 = D_2%*%t(w2)* Logit(h2,TRUE)
  w2 = w2 + alpha*t(h2)%*%D_2 #更新权重
  w1 = w1 + alpha*t(X)%*%D_1 #更新权重
}
```

上面代码中的 h2 及 h3 在一起相当于式 (5.1.2), 而 D_2, D_1 相当于式 (5.1.3) 和式 (5.1.4), 最后更新权重的两行代码相当于式 (5.1.5). 下面整理结果, 根据终节点预测值接近 0 还是 1 确定分类 (这里的 h3 为输出的值).

```
accu=function(h3,y){
  yhat=NULL
  for (s in h3){
    if (s>0.5) yhat=c(yhat,1) else yhat=c(yhat,0)}
  return (list(yhat=yhat,error=mean(yhat!=y)))
}
accu(h3,y)
```

输出的预测值类别及误判率为:

```
> accu(h3,y)
$yhat
[1] 0 0 1 1 1 0

$error
[1] 0
```

5.3 习题

1. 讨论神经网络和线性模型的根本区别.
2. 神经网络的隐藏层层数及各隐藏层节点数需要用户来确定,虽然也有默认值,但不一定很合适,这说明了神经网络的什么特点?
3. 神经网络很难解释,像是一个"黑匣子",但其训练过程是可以完全控制的,请对此进行讨论.
4. 试用神经网络模型对例 3.6 皮肤病数据做分类. 注意可能出现的各种问题 (R 程序包 neuralnet 或者 nnet 都是可以选用的,但要求及格式都不同).
5. 试用神经网络模型对例 3.1 服装业生产率数据做回归. 由于选用的程序包不同, 会出现不同的问题.

5.4 附录: 本章的 Python 代码

5.4.1 5.1 节的 Python 代码

对例 3.3 乙醇燃烧数据做神经网络回归,输入例 3.3 乙醇燃烧数据并随机分成训练集和测试集,对数据做标准化,拟合并输出预测测试集的 R^2 及 NMSE.

```
from sklearn.neural_network import MLPRegressor
from sklearn.model_selection import train_test_split

w=pd.read_csv("ethanol.csv")
X=w.iloc[:,1:].to_numpy()
y=w.iloc[:,0].to_numpy()
X.shape,y.shape

X_train, X_test, y_train, y_test = train_test_split(X, y,test_size=.33,
                  random_state=1)

from sklearn.preprocessing import StandardScaler
scaler = StandardScaler()
scaler.fit(X_train)
X_train = scaler.transform(X_train)
X_test = scaler.transform(X_test)
```

```
regr = MLPRegressor(hidden_layer_sizes=(30,20),
            random_state=1, max_iter=500).fit(X_train, y_train)
regr.predict(X_test)
score=regr.score(X_test, y_test)
score,1-score
```

输出为:

```
(0.9174339807196806, 0.08256601928031937)
```

为了对例 3.6 皮肤病数据做神经网络分类, 输入例 3.6 皮肤病数据并转换成哑元形式, 随机分成训练集和测试集, 进行拟合及预测, 最后输出混淆矩阵.

```
from sklearn.neural_network import MLPClassifier
from sklearn.model_selection import train_test_split
from sklearn.metrics import confusion_matrix

v=pd.read_csv('derm.csv')
X=v.iloc[:,:-1]
X.iloc[:,:-2].astype('category')
X=pd.get_dummies(X).to_numpy()
y=v['V35'].astype('category').to_numpy()
X_train, X_test, y_train, y_test = train_test_split(X, y, test_size=0.33,
                                                    random_state=69)
clf = MLPClassifier(solver='lbfgs', alpha=1e-5,
                    hidden_layer_sizes=(15), random_state=1)
clf.fit(X_train, y_train)
y_pred=clf.predict(X_test)
confusion_matrix(y_test, y_pred),np.mean(y_test!=y_pred)
```

输出的对训练集预测的混淆矩阵及误判率为:

```
(array([[43,  0,  0,  0,  0,  0],
        [ 1, 19,  0,  1,  0,  0],
        [ 0,  0, 21,  0,  0,  0],
        [ 0,  1,  0, 15,  0,  0],
        [ 0,  0,  0,  0, 14,  0],
        [ 0,  1,  0,  0,  0,  5]]),
 0.03305785123966942)
```

5.4.2　5.2 节的 Python 代码

输入简单人造数据做神经网络分类.

```python
w=pd.read_csv('sim1.csv')
X=np.array(w.iloc[:,:-1])
y=np.array(w.y).reshape(-1,1)
X1=torch.from_numpy(X).type(torch.FloatTensor)
y1=torch.from_numpy(y).type(torch.FloatTensor)

def Logit(x,d=False):
    if(d==True):
        return x*(1-x)  #np.exp(-x)/(1+np.exp(-x))**2
    return 1/(1+np.exp(-x))

def accu():
    yhat=[]
    for s in h3:
        if s>0.5: yhat.append(1)
        else: yhat.append(0)
    return (yhat,np.mean(yhat==y.flatten()))
# 做神经网络分类:
import numpy as np
w1 = np.random.random((X.shape[1],5))
w2 = np.random.random((5,1))
alpha=0.5
k=100

for j in range(k):
    h2 = Logit(np.dot(X,w1),False)
    h3 = Logit(np.dot(h2,w2),False)
    D_2 = (y - h3) * Logit(h3,True)
    D_1 = D_2.dot(w2.T) * Logit(h2,True)
    w2 += alpha*h2.T.dot(D_2)
    w1 += alpha*X.T.dot(D_1)
yhat,r=accu()

print("\nprediction:\n{}\
\nOriginal y=\n{}\nAccuracy={}"\
.format(yhat,y.flatten(),r))
```

输出为:

```
prediction:
[0, 0, 1, 1, 1, 0]
Original y=
[0 0 1 1 1 0]
Accuracy=1.0
```

图书在版编目 (CIP) 数据

数据科学基础：基于 R 与 Python 的实现 / 吴喜之,
张敏编著. -- 北京：中国人民大学出版社, 2025.1.
(基于 Python 的数据分析丛书). -- ISBN 978-7-300
-33466-0

I. TP312.8

中国国家版本馆 CIP 数据核字第 2024V9U429 号

基于 Python 的数据分析丛书
数据科学基础
——基于 R 与 Python 的实现
吴喜之　张　敏　编著
Shuju Kexue Jichu

出版发行	中国人民大学出版社		
社　　址	北京中关村大街 31 号	邮政编码	100080
电　　话	010-62511242（总编室）	010-62511770（质管部）	
	010-82501766（邮购部）	010-62514148（门市部）	
	010-62515195（发行公司）	010-62515275（盗版举报）	
网　　址	http://www.crup.com.cn		
经　　销	新华书店		
印　　刷	北京密兴印刷有限公司		
开　　本	787mm×1092mm　1/16	版　次	2025 年 1 月第 1 版
印　　张	11.75 插页 1	印　次	2025 年 1 月第 1 次印刷
字　　数	278 000	定　价	59.00 元

版权所有　　侵权必究　　印装差错　　负责调换

中国人民大学出版社　理工出版分社

教师教学服务说明

中国人民大学出版社理工出版分社以出版经典、高品质的统计学、数学、心理学、物理学、化学、计算机、电子信息、人工智能、环境科学与工程、生物工程、智能制造等领域的各层次教材为宗旨。

为了更好地为一线教师服务，理工出版分社着力建设了一批数字化、立体化的网络教学资源。教师可以通过以下方式获得免费下载教学资源的权限：

★ 在中国人民大学出版社网站 www.crup.com.cn 进行注册，注册后进入"会员中心"，在左侧点击"我的教师认证"，填写相关信息，提交后等待审核。我们将在一个工作日内为您开通相关资源的下载权限。

★ 如您急需教学资源或需要其他帮助，请加入教师 QQ 群或在工作时间与我们联络。

中国人民大学出版社　理工出版分社

教师 QQ 群：229223561(统计2组) 982483700(数据科学) 361267775(统计1组)
教师群仅限教师加入，入群请备注（学校＋姓名）

联系电话：010-62511967，62511076

电子邮箱：lgcbfs@crup.com.cn

通讯地址：北京市海淀区中关村大街 31 号中国人民大学出版社 802 室（100080）